Susanne Reinerth
Stephan Günther

# GO TREELESS

***Baumlos reiten*** *– die pferdefreundliche Alternative*

Bibliografische Information Der Deutschen Bibliothek: Die Deutsche Bibliothek verzeichnet diese Publikation in der Deutschen Nationalbibliografie; detaillierte bibliografische Daten sind im Internet über < http://dnb.ddb.de > abrufbar.



Internet: www.go-treeless.com

Herstellung und Verlag:
Books on Demand GmbH,
Norderstedt

ISBN:973-83870-4998-5
Umschlag/Layout: Gertraud Schöpe
Lektorat/Korrektorat: Sarah Wirtz
Illustrationen: Susanne Reinerth

# *Inhalt*

„So sprach Allah zum Südwind,
ich will aus dir ein Wesen schaffen.
Es soll sein:
Ein Glück für den Guten
und ein Unheil für den Bösen!
Gnade soll walten auf seiner Stirn
und Glück auf seinem Rücken.
Es soll fliegen ohne Flügel
und siegen ohne Schwert.
So schuf Allah das
Pferd."
Mohammed

## Prolog

„Komm Thomas, lass uns noch eine Runde ausreiten, es wird noch zwei Stunden hell sein." „Ach ich weiß nicht, Max stand doch jetzt vier Wochen nur auf der Koppel; während meines Urlaubes ist doch keiner mit ihm geritten." „Na gerade deshalb. Dein Dikkerchen hat sich ja einen mächtigen Bauch angefressen, dem tut die Bewegung sicherlich gut." „Ok", meint Thomas. "Gib mir zehn Minuten, dann bin ich fertig."

Thomas zieht eilig seinen Sattel aus der Sattelkammer, schrubbt Max mit der Bürste einige Male übers Fell, um den gröbsten Schmutz zu entfernen. Er wirft seinen Oldtimer Westernsattel auf den Rücken seines treuen Haflingers und reitet mit seinem Freund Robert in die schon tief stehende Septembersonne, wie die beiden es schon oft getan haben ...

Sie sprechen über dies und das, unterhalten sich über Urlaube und den neuen Arbeitsplatz und erfrischen sich unterwegs mit einem kühlen Bier. Fast genau zwei Stunden später sind die beiden und ihre Pferde wieder in der Nähe des Stalles. Es ist schon fast dunkel und alles lief sehr gut. Thomas hatte das Reiten nach den vier Wochen wirklich vermisst und Max war auch nach der langen Koppelpause sehr artig gewesen. Allerdings fiel Thomas auf, dass sein Max in der letzten halben Stunde öfter mit dem Kopf geschlagen hatte und manchmal ein bisschen stolperte. Er nahm sich vor, nun doch wieder regelmäßig zu reiten und Max besser zu trainieren.

Als die beiden Freunde dann absattelten bemerkte Thomas, dass sein Pferd im Bereich des hinteren Sattelrandes eine lange, aufgescheuerte und geschwollene Stelle aufwies. Das Fell fehlte teilweise und die Haut war gerötet. Nun machte er sich Vorwürfe, dass er einfach losgeritten war ohne zu prüfen, ob nach der langen Reitpause sein Sattelzeug noch passte und in Ordnung war. Ihm war zunächst nicht aufgefallen, dass durch die wenige Bewegung und den ständigen Weidegang sein vierbeiniger Freund ganz erheblich an Gewicht zugenommen hatte und das sich hierdurch die Rücken- und die Bauchform wesentlich verändert hatten.

Sein Sattel passte plötzlich nicht mehr!

Natürlich ist die Geschichte von Thomas, seinem Freund Robert und seinem Haflinger Max frei erfunden, aber so oder so ähnlich passiert es immer wieder.

## Einleitung

Als wir uns vor etwa einem Jahr zum ersten Mal trafen, entstand ziemlich schnell die Idee, ein Buch über baumlose Sättel und baumloses Reiten zu schreiben. Unsere Intention reifte vor allem vor dem Hintergrund, dass uns in unseren Berufen viele Pferde mit unpassenden Sätteln begegnen.

Leider muss man heute davon ausgehen, dass zumindest jeder dritte Sattel seinem Pferd gar nicht oder nicht gut passt. Gemäß der aktuellen Zahlen der „Deutschen Reiterlichen Vereinigung" leben in Deutschland circa eine Million Pferde und Ponys. Dies würde bedeuten, dass 300.000 Pferde mit unpassenden Sätteln geritten werden. Und selbst wenn es hiervon nur die Hälfte wäre, so ist dies eine unglaublich hohe, eine viel zu hohe Zahl.

Jeder Reiter sollte wissen, dass ein passender Sattel wichtig ist. Viele Reiter wissen dies auch. Aber wie viele Reiter können die Sattelpassform nicht beurteilen und wie viele Pferde müssen unpassende Sättel ertragen?

Wir finden es sind zu viele. Und jedes Pferd, welches ab dem heutigen Tag keinen unpassenden Sattel mehr tragen muss, ist ein großer Erfolg. Aus diesem Grund haben wir als Autoren dieses Buches unser Wissen aus Sattelbau und Entwicklung von Sätteln, Vertrieb, Anatomie und Therapie miteinander verknüpft und in diesen Ratgeber einfließen lassen.

Wir verteufeln keine Baumsättel. Das wollen wir betonen. Ein sehr gut angepasster Baumsattel ist ebenso pferdefreundlich wie ein guter baumloser Sattel. Genauso sind unpassende Baumsättel und baumlose Sättel minderer Qualität eine Qual fürs Pferd und damit abzulehnen.

Leider ist es aber für den Laien schwer, die korrekte Passform des Baumsattels zu überprüfen. Dies führt vor dem Hintergrund, dass sich ein Pferd immer mal wieder verändern kann zu dem bekannten Problem – unpassender Sattel.

Wenn wir also nicht sicherstellen können, dass unser Baumsattel von einem Profi im Sattlerhandwerk, einem vertrauenswürdigen Analyseverfahren oder einem wirklich kundigen Therapeuten etc. im mindestens halbjährigen Rhythmus überprüft werden kann, dann sind wir besser mit einem Sattel beraten, der sich flexibel dem Rücken anpasst. Ein Sattel, der sich individuell einstellen lässt und auch Veränderungen des Pferdes spielend mitmacht – einem guten baumlosen Sattel.

Mit baumlosen Sätteln ist es unkomplizierter und schneller möglich, einen für das Pferd schmerzlosen und komfortablen Sitz des Sattels zu gewährleisten und ihm damit den Luxus eines passenden Sattels zu ermöglichen.

Wir möchten Ihnen in diesem Buch zeigen, welche alternativen Möglichkeiten es gibt. Sie werden erkennen, welche Vorteile baumlose Sättel haben, wie diese funktionieren, welche Unterschiede es gibt und was Sie beim Kauf eines solchen beachten müssen.

Um zu erkennen, warum die Passform des Sattels so wichtig für das Pferd ist, beginnt dieses Buch mit einer Einführung in die Anatomie des Pferdes.

Susanne Reinerth und Stephan Günther, Februar 2009

## Warum ist ein passender Sattel so wichtig?

Kann man in unpassenden Schuhen, die den Fuß quetschen, vorne am Zeh drücken, am Knöchel reiben oder bei jedem Schritt starke Schmerzen bereiten, einen 10-Kilometer-Lauf überstehen? Ja, das kann man. Danach ist der Fuß rot und blau, der Knöchel wund und es bilden sich Blasen. Der restliche Körper schmerzt ebenfalls, da durch den Versuch die Füße anders zu belasten, um dem Schmerz zu entgehen, andere Muskeln beansprucht werden.

Alles verheilt mit der Zeit und man könnte erneut einen 10-Kilometer-Lauf in Angriff nehmen. Der Kopf wird sich allerdings dagegen wehren und die Freude an der Bewegung wird gebremst.

Bleibende Schäden durch langanhaltenden Druck.

Wiederholt man dies dennoch täglich, so kann sich Hornhaut bilden, die den Fuß vor weiteren Blasen und den Knöchel vor Wundsein schützt. Es kann aber auch durch den stetigen Druck zu Nekrosenbildung kommen. Dies ist schlimm und schmerzhaft.

Der Körper entwickelt Muskulatur, die ihm hilft, die neuartigen Bewegungen umzusetzen, um so wenig Schmerz wie möglich zu erfahren. Der Fuß kann sich mit der Zeit deformieren, sich dem unpassenden Schuh anpassen. Durch die unphysiologische Bewegung kommt es zu Überbelastung und mit der Zeit zu Abnutzungserscheinungen zum Beispiel in den Gelenken.

Es ist also durchaus möglich, sich mit unpassenden Schuhen zu bewegen. Gesund ist dies allerdings (vor allem langfristig gesehen) nicht.

Wir erwarten viel von unseren Pferden. Dass sie uns viele Stunden durchs Gelände tragen, mit uns Turniere gewinnen, sich im Viereck unter uns grazil bewegen, mit uns über Hindernisse springen, einen Trail millimetergenau durchschreiten oder unter uns Zirkuslektionen aufführen.

Dies alles ist allerdings nur möglich, wenn sich das Pferd unter uns frei bewegen kann und weder wir als Reiter noch ein unpassender Sattel diese freie Bewegung stören. Die Leistung eines Pferdes kann also durch einen guten Sattel gesteigert werden, wenn der Sattel beiden Parteien optimal gerecht wird. Passt der Sattel nicht, kann das Pferd nicht sein Bestes geben. Der Läufer von oben wird auf den zehn Kilometern sicher keine Rekordzeit gelaufen sein. Der Sattel ist somit der wichtigste Ausrüstungsgegenstand, den man für sein Pferd kaufen kann. Genau wie der Schuh für den Läufer.

Die richtige Ausrüstung des Sportlers ermöglicht erst optimierte Leistungen.

Dabei ist nicht wichtig, um was für ein Modell es sich bei dem Sattel handelt, wichtig ist, dass er dem Pferd passt. Nicht dem still stehenden Pferd, sondern dem Pferd in der Bewegung, dem Pferd, das seinen Kopf hebt und dem Pferd, welches ihn zum Boden senkt; dem Pferd, das sich biegt, bukkelt oder springt.

Nur der passende beziehungsweise der sich anpassende Sattel kann perfektes Bindeglied zwischen Pferd und Reiter sein und Hilfen des Reiters einerseits sowie Bewegungen des Pferdes andererseits weitergeben. Er unterstützt die Kommunikation zwischen Reiter und Pferd.

Der Sattel fördert die Kommunikation zwischen Mensch und Pferd.

Unpassende Sättel können ein Pferd-Mensch Team im Training weit zurückwerfen und es ist erstaunlich zu sehen, was diese Pferde mit einem passenden Sattel plötzlich zu leisten bereit sind. So kann ein Pferd mit einem unpassenden Sattel zwar geritten werden, die wahre Eleganz und Anmut kommt aber erst mit einem passenden Sattel und uneingeschränkter Bewegungsfreiheit zum Ausdruck, wenn das Pferd nicht mehr gegen den Sattel kämpfen muss.

Pferde, die mit unpassenden Sätteln geritten werden, werden oftmals noch für ihr Verhalten bestraft, welches nur Ausdruck ihres Schmerzes ist. Sie haben keinen Schmerzlaut, das sollten wir immer bedenken.

Pferde haben keinen Schmerzlaut und können viel ertragen bevor sie sich gegen den Reiter wehren.

So ist der Sattel ausschlaggebend für das Wohlbefinden des Pferdes.

Um zu erkennen, warum die Passform des Sattels so wichtig ist, folgt eine Einführung in die Anatomie.

# Die Anatomie des Pferdes

## Anatomie des Pferdes

Pferde sind nicht zum Reiten erschaffen.

Pferde sind von ihrem eigentlichen Körperbau gar nicht dafür „gebaut", einen Reiter oder schweres Gewicht zu tragen. Aber wollen wir das hören und deswegen das Reiten gleich aufgeben? Nein. Also müssen wir dem Pferd das Reiten beziehungsweise das Geritten werden so angenehm wie möglich machen. Das funktioniert nur durch richtiges Training.

Der Rücken des Pferdes als Verbindung zwischen den Vorder- und Hintergliedmaßen kann als Brücke, also eine Art Wirbelbrücke betrachtet werden. Ein gesunder Rücken ist für die Übertragung der Schubkraft aus den Hintergliedmaßen zuständig und muss für eine Vorwärtsbewegung des Pferde elastisch schwingen können.

Viele Faktoren des guten, pferdefreundlichen Reitens hängen von einem schwingenden Rücken ab. Wie Losgelassenheit, Elastizität, Schubkraft, Schwung, aber auch Selbsthaltung und Durchlässigkeit. Ebenso ist die Leistungsbereitschaft und die Freude an der Mitarbeit im Wesentlichen von einem gesunden, leistungsfähigen, schwingenden Rücken abhängig.

Unpassende Sättel verhindern die Schwingungsfähigkeit des Pferderückens.

Das junge Pferd muss also dahingehend ausgebildet werden, seinen Rücken muskulär auszubilden und tragfähig und elastisch zu formen.

Wichtig ist hierbei der logische Aufbau des Trainings sowie ein guter Reiter, der dem Pferd die Ausbildung vorgibt, es aber nicht in seiner Entwicklung stört oder behindert.

Ein unpassender Sattel arbeitet immer gegen Pferd und Reiter.

Ist dies alles gegeben, kann nur ein schlecht sitzender, unpassender Sattel das Bild der Harmonie trüben. Und das kommt gar nicht mal so selten vor, wie wir vielleicht annehmen. Leider werden auch heute noch viele Pferde mit für sie unpassenden Sätteln geritten. Und auch zum Reiter passen viele Sättel nicht, was zu Haltungsproblemen, Gleichgewichtsproblemen, falschen Belastungen und damit auch zur Schädigung des Pferdes führt.

Ist der Sattel unpassend, so führt dies über punktuellen Druck zu Verspannungen in der Rükkenmuskulatur des Pferdes.

Der Bewegungsablauf wird massiv gestört.

Passt der Sattel dem Pferd nicht, behindert dies natürlich die Schwingungsfähigkeit des Pferderückens in ganz erheblichem Maße. Der Bewegungsablauf wird massiv gestört, Muskulatur verhärtet sich, bildet sich zurück und führt eventuell auch zu Missmut und Gegenwehr beim Pferd. Für den Reiter ändert sich der Sitzkomfort, die Hilfen kommen nicht mehr zum Pferd durch und er muss mit entsprechenden Abwehrreaktionen des Pferdes rechnen.

Und damit nicht genug. Federt der elastische Rücken nicht, so kann er Stöße nicht abfangen, die in den Beinen, Gelenken und Sehnen des

Pferdes „landen" und zu Verschleißerscheinungen führen.

Verspannungen im Rücken – wir kennen das von uns selbst – können zu Kopfschmerzen führen. Das Pferd lässt sich nicht mehr gerne am Kopf berühren.

Verspannungen können auch Wirbelblockaden begünstigen. Diese haben über Nervenverbindungen wiederum Bezug zu Organen und können im schlimmsten Fall sogar zu chronischen Koliken oder Asthma führen.

Pferde, die gut und mit dem passenden Sattel geritten werden sind schöne, anmutige, harmonisch wirkende Pferde. Unschöne oder gar „hässliche" Pferde, wie wir sie oft in den Ställen sehen, „entstehen" oftmals durch falsches Reiten.

Unter einem passenden Sattel kann sich ein Pferd in seiner ganzen Schönheit entfalten.

# *Anatomie*

Um ein Verständnis für das Tier unter uns und dem Sattel zu bekommen, hilft ein klein wenig Anatomie.

Die Anatomie des Pferdes ist im Groben eine Hängebrücke an vier Pfeilern mit einer Balancestange, dem Hals.

Nehmen wir also das Knochengerüst zuerst unter die Lupe.

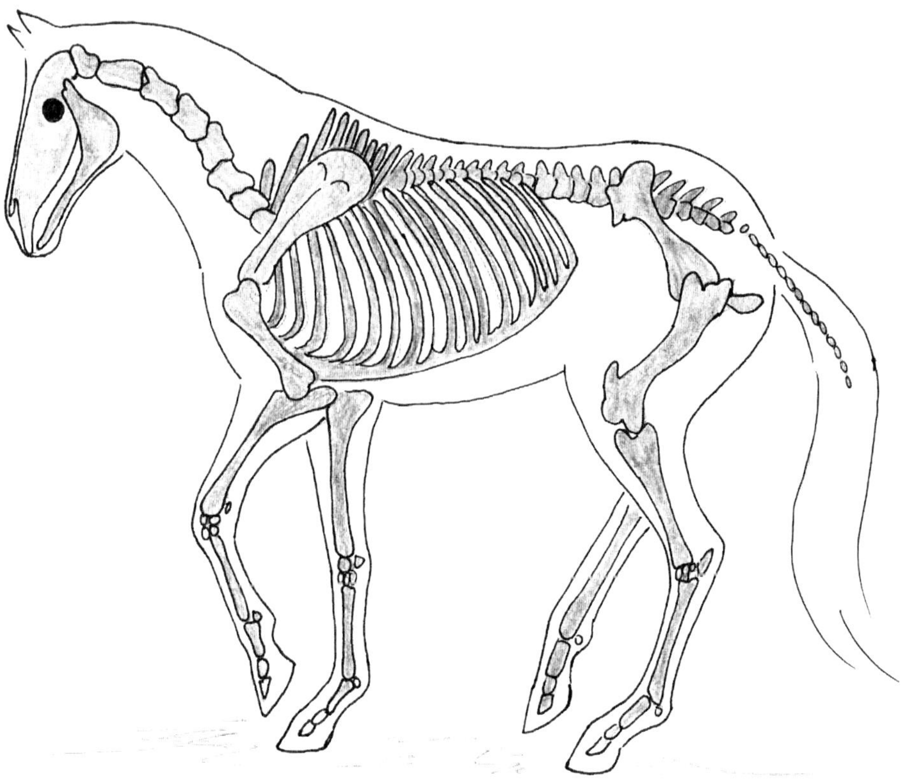

### Das Skelett des Pferdes

Das knöcherne Skelett des Pferdes besteht aus einer großen Menge Einzelteile (205), die zu einem Ganzen zusammengefügt einen Körper bilden, der für schnelle Vorwärtsbewegung prädestiniert ist.

Das Skelett bildet sich aus dem Schädel, den Vorder- sowie den Hintergliedmaßen und der Wirbelsäule des Pferdes.

Die Wirbelsäule setzt sich aus sieben Halswirbeln, achtzehn Brustwirbeln, sechs Lendenwirbeln, fünf Kreuzwirbeln und circa 20 Schwanzwirbeln zusammen, von denen einige zusammengewachsen das Kreuzbein bilden.

Die Wirbel sind über Wirbelgelenke miteinander verbunden und durch Bandscheiben getrennt, die eine puffernde Wirkung ausüben. Zusammengehalten werden die Wirbel durch Bänder.

Die Anatomie und Biomechanik erklärt, warum korrektes Reiten so wichtig ist.

Jeder Brustwirbel ist mit einem Paar Rippen gelenkig verbunden (= achtzehn Paar Rippen).

Von den Rippen sind die ersten acht mit dem Brustbein unten verbunden (Tragrippen genannt), die folgenden zehn (Atmungsrippen) haben keine Verbindung zum Brustbein des Pferdes und bewegen sich beim Aus- und Einatmen.

Die Brustwirbelsäule dient als das Sinnesorgan des Pferdes, mit der es die Gewichtshilfen des Reiters wahrnimmt.

## *Anatomie*

Alle Wirbel des Pferderückens verfügen über so genannte Dornfortsätze, die im vorderen Teil der Brustwirbelsäule den Widerrist bilden (circa die ersten zwölf Wirbel) und sehr lang sind, während sie im hinteren Teil an Länge verlieren und dort zu den Seiten hin breiter werden.

Die richtige Lage des Sattels wird durch die Anatomie des Pferdes bestimmt.

In Bezug auf den Sattel ist am Skelett des Pferdes vor allem der Sitz des Schulterblattes und dessen freie Bewegung unter dem Sattel wichtig sowie die Brustwirbelsäule. Nicht alle Wirbel der Brustwirbelsäule können größeres Gewicht aufnehmen. So ist der Pferderücken im Bereich vom Widerrist bis zum fünfzehnten Brustwirbel am belastbarsten. Sättel, die über den achtzehnten Brustwirbel hinausreichen, behindern das Pferd und es kann zu Blockaden in den Wirbelgelenken kommen.

Hier spielt vor allem die Beweglichkeit der Gelenke eine Rolle. Während die Halswirbelsäule eine starke Beweglichkeit besitzt, ist das Merkmal der Brustwirbelsäule ihre Stabilität und Belastbarkeit.

Die Form der Wirbelsäule gibt auch die Form des Rückens vor. Rückenformen können übrigens auch innerhalb einer Rasse ganz unterschiedlich sein.

## Die Muskulatur und Bänder des Pferdes

Muskeln und Bänder sind für die Bewegung des Pferdes von größter Bedeutung. Bänder halten das Skelett zusammen, während die Muskulatur das Skelett bewegt.

Dies geschieht durch wechselseitiges Anspannen und Entspannen.

Muskulatur darf unter dem Sattel niemals gequetscht werden beziehungsweise großem und/ oder langem Druck ausgeliefert sein. Dies kann schnell zu schweren Schädigungen am Pferd führen. Siehe unter „Äußerliche Anzeichen eines unpassenden Sattels".

In Bezug auf den Sattel ist besonders der lange Rückenmuskel von Bedeutung, welcher tiefer unten in den Muskelschichten links und rechts der Wirbelsäule entlang liegt. Er ist nicht zum Tragen von Lasten geeignet, sondern ein reiner Bewegungsmuskel. Durch einen Sattel der ihn quetscht, kann der Muskel in seiner Bewegungsfähigkeit Schaden nehmen. Der breite Rückenmuskel sowie der Trapezmuskel können ebenso durch einen unpassenden Sattel stark beeinträchtigt werden.

Die Muskulatur und die Bänder sorgen für die Stabilität des Skeletts.

### Wie trägt uns das Pferd?

Hauptsächlich lastet unser Reitergewicht auf der Wirbelsäule des Pferdes. Laut Udo Bürgers Buch „Der Reiter formt das Pferd“, kann das Skelett des Pferdes nach Entfernung aller Muskeln, unter Erhaltung der Bänder und Feststellen der Gelenke einen Reiter durchaus tragen.

Damit sich die Wirbelsäule aber aufgrund der Überbelastung nicht mit der Zeit nach unten durchdrückt und es zu „Kissing Spines“ kommt, bei denen sich die Dornfortsätze aneinanderdrükken beziehungsweise zusammen wachsen, muss das Pferd den Rücken mit Hilfe des Bandapparates aufwölben.

Der Bandapparat wird benötigt, um den Reiter zu tragen.

Normal stehende Wirbel

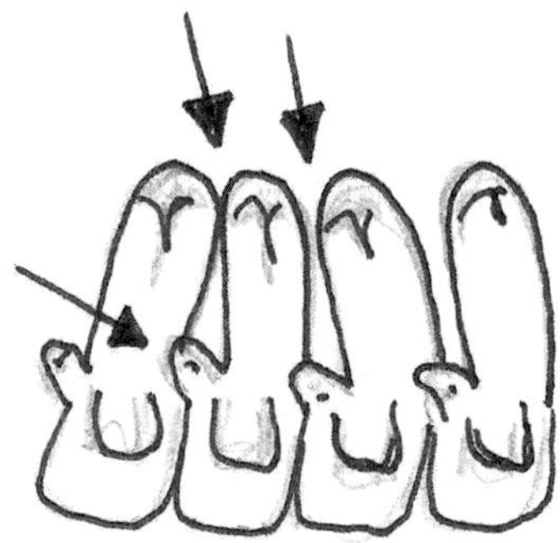

Dornfortsätze berühren sich

Die Aufwölbung geschieht über die Spannung des Nackenbandes und wirkt sowohl durch die Aufrichtung als auch durch vorwärts und abwärts strecken des Halses. Diese Streckung zieht die Dornfortsätze auseinander, die Brustwirbelsäule hebt sich an. Im hinteren Bereich des Pferdes, also in dessen Lendenwirbelbereich, findet eine Aufwölbung durch Anspannung der Bauchmuskeln statt, die das Becken nach vorne ziehen. Iliosakralgelenk und Kreuzbein folgen dieser Bewegung nach hinten unten und wölben so den Lendenbereich auf. Die Hintergliedmaßen treten verstärkt unter den Schwerpunkt und unterstützen dies.

Durch Untertreten der Hinterhand wölbt sich der Rücken auf.

## Die Sattellage

Die Sattellage beschreibt den Bereich auf dem Pferderücken, auf dem der Sattel liegen sollte. Die Sattellage wird bestimmt durch die Form der Oberlinie, der Ausformung des Widerristes nach oben und in den Rücken hinein, die Winkelung und Breite der Schulter, die Breite und Form des Rückens und der Rippen sowie des Lendenbereichs und des Bereiches der Gurtlage.

So unterschiedlich die Pferde sind, so unterschiedlich sind auch die Sattellagen. Selbst unter Pferden einer Rasse kommen die unterschiedlichsten Ausprägungen des Rückens vor. Dieser Rückenvielfalt können Baumsättel meist gar nicht gerecht werden. Ein baumloser Sattel kann hier oftmals die optimale Lösung sein.

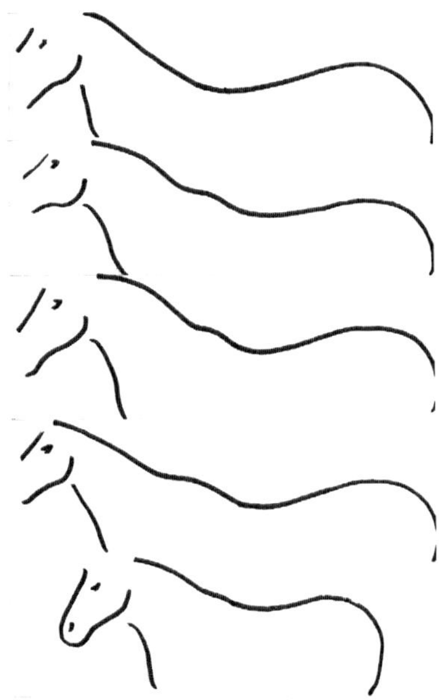

So unterschielich die Pferde sind, so unterschiedlich sind auch die Sattellagen und Rückenformen.

## Anatomische Besonderheiten

### Prominente Schulter

Die prominente Schulter des Pferdes bezeichnet eine ungewöhnlich ausgeprägte Schulterpartie. Das Schulterblatt ragt weit in den Rücken hinein, die Schultern stehen breit auseinander. Bei diesen Pferden ist ein starrer Sattelbaum in der Regel immer problematisch, da das Schulterblatt meist gegen den Baum drückt. Ein baumloser Sattel kann auch bei diesen Pferden etwas weiter vorne gesattelt werden, ohne das Pferd in seiner Bewegung zu behindern.

Baumlose Sättel passen sich leichter der individuellen Sattellage des Pferdes an.

### Asymmetrische Pferde

Sind beide Seiten des Pferderückens nicht symmetrisch, was gar nicht so selten vorkommt, führt dies bei Baumsätteln immer zu einer Schieflage des Sattels. Meist üben diese Sättel starken Druck aus. Bei baumlosen Sätteln sollten die polsterbaren Satteldecken der Asymmetrie des Pferdes angepasst oder die Klettkissen des Sattels entsprechend angefertigt werden.

### Stark überbaute Pferde

Stark überbaute Pferde weisen einen markanten Höhenunterschied zwischen Kruppe und Widerrist auf, wobei die Kruppe deutlich höher steht. Bei den Baumsätteln stellt auch diese Rückenform einen Nachteil dar und es ist schwer, einen passenden Sattel zu finden. Ein baumloser Sattel passt sich auch hier besser dem Rücken an, da der starre Sattelbaum nicht im Lendenbereich zu großer Druckbelastung führt und den Schwung der (erhöhten) Hinterhand ausbremst. Siehe dazu auch die Abbildung auf Seite 39.

Wichtig ist bei überbauten Pferden allerdings anatomisch richtiges Reiten, um diesen körperlichen Mangel auszugleichen und durch das Reiten dem Pferd nicht zu schaden.

### Pferde mit Senkrücken

Bei Pferden mit Senkrücken „hängt" der Rücken zwischen Widerrist und Kruppe deutlich durch. Senkrücken können diverse Ursachen haben. So kann sich der Rücken durch schlechtes Reiten oder auch durch einen unpassenden Sattel entwickeln. Auch die Rücken von Zuchtstuten können mit der Zeit nach unten nachgeben oder mit dem Alter entwickelt sich ein Senkrücken. Baumlose Sättel passen sich dieser Rückenform an. Wichtig ist allerdings eine gute Polsterung der Decke oder des Sattels sowie vernünftiges Reiten (Vorsicht: „Kissing Spines" Gefahr).

### Runde Pferde ohne Widerrist

Bei Pferden, bei denen der Widerrist nicht ausgeformt ist, sondern im Rücken „untergeht" handelt es sich meist um sehr rundrippige Pferde. Positiv ist bei so gebauten Pferden vor allem, dass diese in der Regel keine herausstehende Wirbelsäule aufweisen und so kein allzu großes Augenmerk auf die Polsterung der Satteldecken gelegt werden muss. Der Rücken ist quasi durch die Rückenmuskulatur und die in dieser Muskulatur verschwindenden Wirbelsäule von selbst gepolstert.

Das Problem hier ist aber vor allem das seitliche Rutschen des Sattels, da durch den Widerrist kein

Halt gegeben ist. Bei einem Sattel spielt deshalb vor allem eine rutschfeste Sattelunterlage eine Rolle sowie die richtige Gurtung und das Aufsteigen mit einer Aufstiegshilfe.

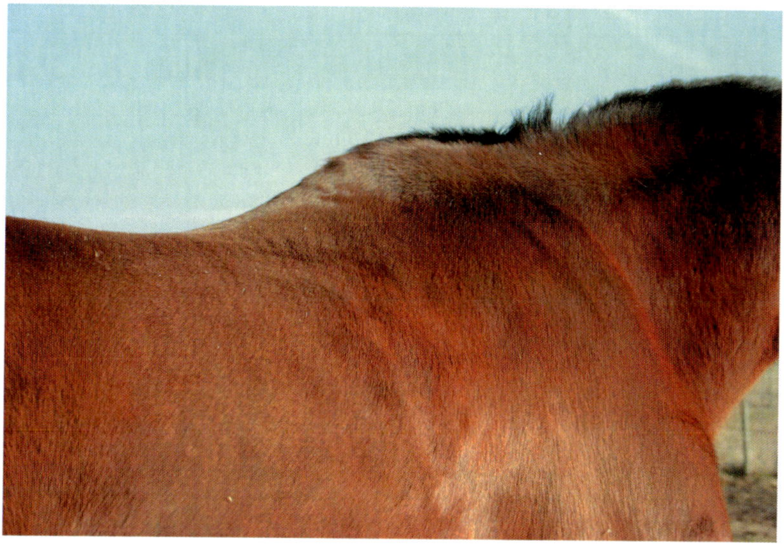

**Stark in den Rücken hereinreichender Widerrist**

Bei Pferden, die diesen Körperbau aufweisen, ist bei der Wahl des richtigen Sattels vor allem die zu gewährleistende Wirbelsäulenfreiheit nach oben hin wichtig, also viel und weit reichender Platz in der Kammer auf der gesamten Länge des Sattels. Das ist vor allem bei schmalen Pferden und flachen Sätteln problematisch. Bei baumlosen Sätteln muss großer Wert auf die richtige Polsterung gelegt werden, damit der Sattel nicht die Wirbelsäule berührt.

### Stark ausgeprägter Widerrist

Bei einem stark ausgeprägten Widerrist ist wie bei der herausstehenden Wirbelsäule und dem weit in den Rücken reichenden Widerrist die richtige Polsterung des Sattels beziehungsweise der polsterbaren Decke wichtig, so dass der Sattel nicht den Widerrist berührt.

Wichtig ist außerdem, dass der Sattel dadurch nicht aus der Balance gerät und nur vorne höher kommt, so dass der Reiter nach hinten gesetzt wird.

Durch verschiedene Rückenlinien und Widerristausprägungen sind unterschiedliche Sattellösungen erforderlich.

### Sehr kurze Rücken

Immer mehr Pferde sind sehr kurz im Rücken gebaut, was bei vielen Sätteln, die für den Komfort des Reiters länger gebaut wurden, zu Problemen beim Pferd führen kann. Der Sattel hat also nicht viel Platz auf dem Pferd. Baumlose Sättel sind hier von Vorteil, da sie vorne und hinten eher nachgeben und mit ihren weicheren Teilen das Pferd nicht behindern. So kann ein baumloser Sattel auch eher weiter vorne aufgelegt werden, ohne die Bewegungsfreiheit der Schulter zu stören.

### Lange Rücken

Lange Rücken sind in Bezug auf Sättel nicht weiter problematisch. Der Sattel hat viel Platz aufzuliegen und behindert nicht die Bewegungen des Pferdes. Auch Baumsättel haben hier gute Bedingungen zu passen, vorausgesetzt der Schwung des Sattelbaums stimmt mit dem des Pferderückens überein.

### Gerade Rücken

Gerade Rücken des Pferdes sind in Bezug auf baumlose Sättel unproblematisch. Bei Baumsätteln stimmt oftmals der Schwung des Sattels nicht mit dem Pferderücken überein, was zu Satteldruck führen kann. Baumlose Sättel passen sich dem Rücken des Pferdes an.

### Stark hervorstehende Wirbelsäule

Bei der stark hervorstehenden Wirbelsäule ist der Polsterung des Sattels oder der Decke höchste Aufmerksamkeit zu schenken. Die Gewährleistung der Wirbelsäulenfreiheit durch den Sattel ist das A und O. Wie viel gepolstert werden muss, hängt von der Höhe der herausstehenden Wirbelsäule ab.

### Veränderungen des Rückens in einem Pferdeleben

Im Laufe des Lebens verändert sich der Pferderücken des Öfteren durch unterschiedliche Einflüsse.

Der Rücken des Pferdes verändert sich in einem Pferdeleben hin und wieder derart, dass ein einmal angepasster Baumsattel schnell seine gute Passform verlieren und das Pferd behindern kann.

Ein Pferd, welches sein Wachstum noch nicht abgeschlossen hat, ist ständigen Veränderungen unterworfen, was Länge, Breite und Ausprägung der Form seiner Sattellage betrifft. Bis zum Alter von sieben Jahren sollte daher damit gerechnet werden, dass sich der Rücken noch gravierend ändern kann und er dann beim siebenjährigen Pferd ganz anders aussieht als bei ebendiesem als es erst dreijährig war. Aber auch später kann sich die Rückenform verändern. Wie etwa bei Zuchtstuten, die sich während der Trächtigkeit umformen oder bei denen sich später der Rücken absenkt; oder auch bei spät gelegten Hengsten, die breiter werden.

Im Alter verändert sich der Rücken ebenfalls und senkt sich meist deutlich ab, die Muskulatur wird weniger.

Aber auch saisonale Veränderungen kommen vor. Sowohl durch das unterschiedliche Futterangebot von Sommer (fette Weide) und Winter (Heu) als auch durch das eventuell unterschiedliche Training (Sommer = Reitzeit, Winter = Pause).

Womit wir gleich beim nächsten Punkt wären. Das Training.

Pferde, die im Dauereinsatz sind und das ganze Jahr gleichmäßig im Training stehen und gleich bleibende Haltungsbedingungen aufweisen, haben natürlich auch eine äußerliche Form, die weitgehend gleichbleibend ist. Ein Baumsattel hat unter diesen Umständen die besten Bedingungen einmal angepasst auch passend zu bleiben. Leider sieht die Realität oft anders aus und wir haben nicht die Möglichkeit, unsere Pferde das ganze Jahr hindurch gleichmäßig zu trainieren. Gründe können saisonal- und wetterbedingt sein oder sich durch Verletzungen ergeben. So können Erkrankungen auch durch Schon- oder Ausgleichshaltung beim Pferd zu Veränderungen der Muskulatur und des Pferderückens führen.

Ein weiterer Punkt, der nicht vergessen werden darf, ist die Hufpflege. Durch unterschiedliche Hufbearbeitung, das Wachstum der Hufe, krankheitsbedingte Veränderungen auch in der Stellung der Gliedmaßen und Hufe kann es zu Veränderungen des Rückens und damit der Sattellage kommen. Ein ehemals passender Baumsattel passt dann nicht mehr.

Im Umkehrschluss kann ein unpassender Sattel die Hufform beeinflussen.

Mit einem baumlosen Sattel haben wir all diese Probleme nicht, er passt sich diesen Veränderungen in einem Pferdeleben in der Regel spielend an.

## *Veränderungen im Pferdeleben*

Der baumlose Sattel passt sich den Veränderungen in einem Pferdeleben immer wieder an.

Nur bei groben Änderungen des Pferdes kann es sein, dass er mit einer neuen polsterbaren Satteldecke oder Klettkissen versehen werden sollte. Wir müssen mit einem baumlosen Sattel also nicht ständig Angst haben, unser Pferd würde sich verändern und wir es nicht mitbekommen. Zwar sollte auch der baumlose Sattel hin und wieder auf seinen Sitz hin überprüft werden, er gleicht aber Unregelmäßigkeiten des Pferdes über das Jahr und über viele Jahre hinweg aus.

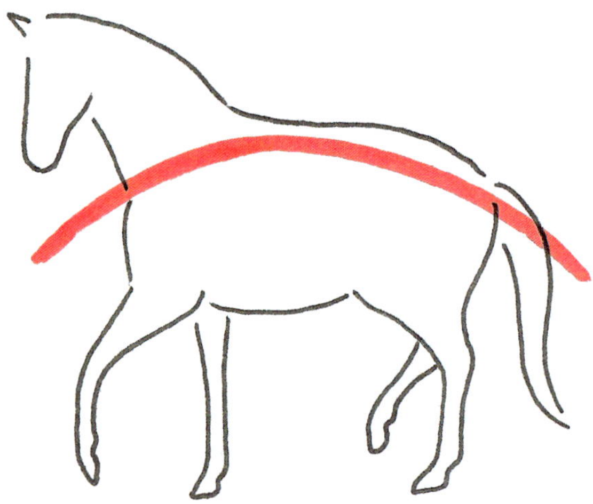

## Das Pferd und der Sattel in der Bewegung

Haben Sie sich mal vor einer Wanderung zwei Holzbretter fest auf den Rücken geschnallt? Konnten Sie sich noch gut bewegen und biegen? Haben Sie das ganze noch mit zusätzlicher Last auf dem Rücken probiert? So oder so ähnlich fühlt sich das Pferd mit einem unflexiblen, unpassenden Sattel auf dem Rücken und es kann dieser unangenehmen Situation nicht ausweichen. Gut, dass Pferde so friedliche Tiere sind, sonst würden sie das nicht so lang mit sich machen lassen. Und gut, dass wir meist nur ein oder zwei Stunden am Tag reiten, denn sonst würden die Zustände der meisten Pferderücken noch verheerender sein.

Ein starrer Gegenstand auf dem Rücken des Pferdes kann es in seiner Bewegung behindern.

Ein Pferd ist sehr flexibel, also sollte es der Sattel auch sein, um es in seinen Bewegungen nicht zu behindern.

Bewegt sich ein Pferd vorwärts, so verändert sich sein Körper während dieser Bewegung ständig. Muskeln werden angespannt und entspannt, die Wirbelsäule biegt sich, der Rücken wölbt sich auf oder biegt sich nach unten. Diese Bewegungen nehmen wir als Reiter auf dem Pferd ständig wahr. Läuft ein Pferd auf der Wiese, ist dies völlig natürlich. Mit Sattel und Reiter oben drauf sieht das schon ganz anders aus und bei jeder dieser kleinen Bewegungen kann ein Sattel, der sich diesen Bewegungen nicht anpasst, das Pferd stören. So kann ein Sattel mit starrem Baum den Schwung der Hinterhand ausbremsen oder das Aufwölben der

Wirbelsäule verhindern. Runde, natürliche Bewegungen werden so blockiert oder umgelenkt.

**So bewegt sich ein Pferd im Schritt:**

Der baumlose Sattel passt sich den Bewegungen des Pferdes an.

Im Schritt findet beim Pferd eine Menge Bewegung in der Wirbelsäule statt. Man kann dies gut erkennen, wenn man von oben auf ein im Schritt gehendes Pferd schaut.

All diesen Bewegungen muss sich der Sattel anpassen können. Andernfalls stört er das Pferd.

**Vorführphase Hinterbein**

Das Hinterbein schwingt nach vorne. Eine Welle läuft durch den Rücken des Pferdes nach vorne bis zu dessen Schulter. Diese Aufwölbungswelle kann durch den Sattel gebremst werden, wenn dieser nicht so flexibel ist, diese Bewegung mitzumachen. Baumlose Sättel geben in der Regel nach und ermöglichen den Bewegungsfluss von hinten nach vorne durchgängig ohne ihn zu blokkieren.

Die Kruppe/Lende des nach vorne geführten Hinterbeines wölbt sich nach oben. Das Bein wird nach vorne geführt. Die Muskulatur der Kruppe schiebt in den Rücken und die Sattellage hinein. Die Bewegung kann von den Sattelkissen im hinteren Bereich ausgebremst werden. Auch hier ist ein baumloser Sattel angenehmer für das Pferd.

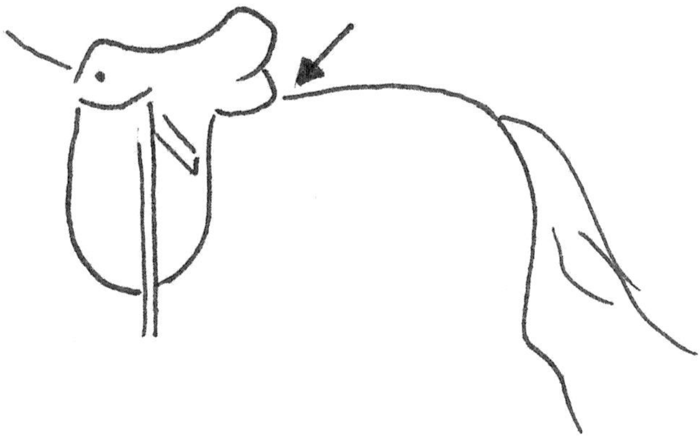


**Vorführphase Vorderbein**

Das Vorderbein drückt sich vom Boden ab, dabei wird die Schultermuskulatur nach oben gedrückt. Fett in diesem Bereich schiebt sich ebenfalls nach vorne oben.

Schmerzt diese Bewegung das Pferd, weil es seine Muskulatur gegen den festen Sattelbaum schiebt, so kann sich diese Phase verkürzen und das Pferd das Bein schnell nach vorne führen. Ein starrer Baum kann in diesem Stadium der Bewegung einen verkürzten Tritt verursachen. Ein klemmender Gurt kann die Vorwärtsbewegung ebenfalls stören.

Ein baumloser Sattel gibt nach und fördert den gesunden Bewegungsablauf des Pferdes.

Das Vorderbein schwingt vor. Das Schulterblatt bewegt sich bei jedem Vorführen des Vorderbeines drei bis fünf Zentimeter nach hinten in den Rücken hinein. Hier kann es an die Ortspitzen des Sattelbaumes stoßen. Baumsättel können die natürliche Rotation des Schulterblatts behindern. Dies verhindert den Raumgriff der Bewegung. Über längere Zeit kann dies zu Muskelschäden führen. Im Extremfall kann der Knorpel des Schulterblattes sogar deformieren. Ein baumloser Sattel gibt hier nach und fördert so den gesunden Bewegungsablauf des Pferdes.

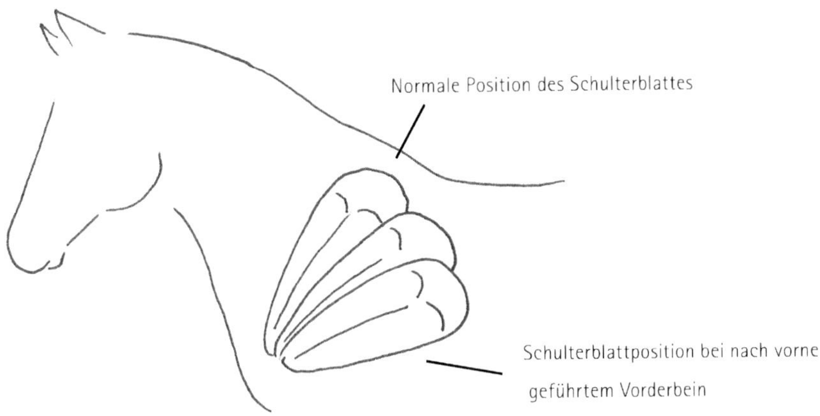


**Stützphase Vorderbein**

Das rechte Vorderbein wird nun belastet. Der Körper bewegt sich durch den Schub der Hinterhand nach vorne. Die Gelenke sind maximal gestreckt. Der Ellbogen drückt die Muskulatur des Pferdes in diesem Bereich nach hinten oben. Oftmals stößt der Ellbogen gegen den Sattelgurt oder Hautfalten klemmen sich zwischen Sattelgurt, Sattel und Ellbogen ein.

Der Ellbogen drückt gegen den Sattelgurt

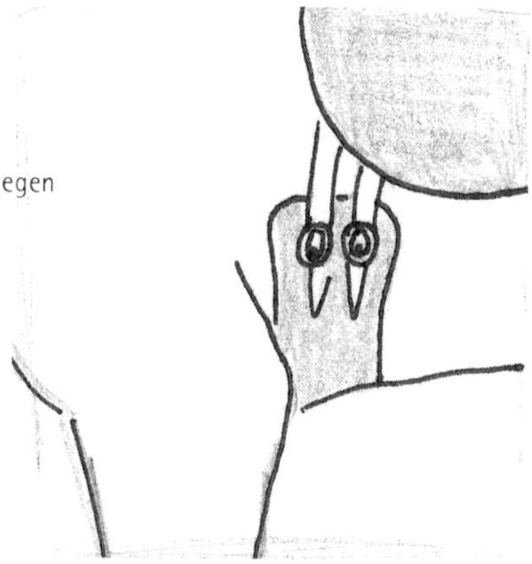

**Stützphase Hinterbein**

Die Kruppe/Lende des nach vorne geführten Hinterbeines wölbt sich nach oben. Das Bein wird nach vorne geführt. Die Welle geht durch den Rücken bis nach vorne zur Schulter. Die Muskulatur der Kruppe schiebt in den Rücken und die Sattellage hinein. Die Bewegung kann von den Sattelkissen im hinteren Bereich gebremst werden.

**Weitere Bewegungen des Pferdes:**

**Kopf unten:**

Nimmt das Pferd den Kopf nach unten, so bewegt sich der Rücken nach oben. Das ist zum Beispiel beim Gras fressen auf der Weide so oder beim Vorwärts-Abwärts unter dem Reiter. Ein hoher Widerrist sieht in dieser Position schon nicht mehr so hoch aus.

Lernt das Pferd, dass es schmerzt, wenn es den Rücken aufwölbt, so wird es sich gegen diese Bewegung wehren.

Der Rücken wird gerader, weist weniger Schwung auf.

Der Sattel muss diese Bewegung fließend zulassen, andernfalls ist kein pferdefreundliches Reiten möglich. Stößt das Pferd beim Aufwölben des Rückens schmerzhaft gegen etwas Hartes so wird diese Bewegung blockiert und um dem Schmerz auszuweichen, wird das Pferd den Rücken nicht mehr aufwölben. Ein baumloser Sattel passt sich den Bewegungen des Pferdes an.

**Kopf oben:**

Nimmt das Pferd den Kopf nach oben, so biegt sich der Rücken nach unten durch. Er scheint beinahe durchzuhängen. In dieser Haltung ist die Rückenmuskulatur verkürzt und die Bauchmuskulatur verlängert.

Der Widerrist erscheint viel höher als bei tiefer Kopfhaltung. Hier kann der Sattel auf den Widerrist drücken, der bei normaler Kopf-/Hals-Haltung noch wunderbar gepasst hat.

Zwischen der Kopf-oben-Haltung und der Kopf-unten-Haltung kann der Rücken einen Höhenunterschied von mehreren Zentimetern aufweisen. Der baumlose Sattel macht diese Bewegungen spielend mit.

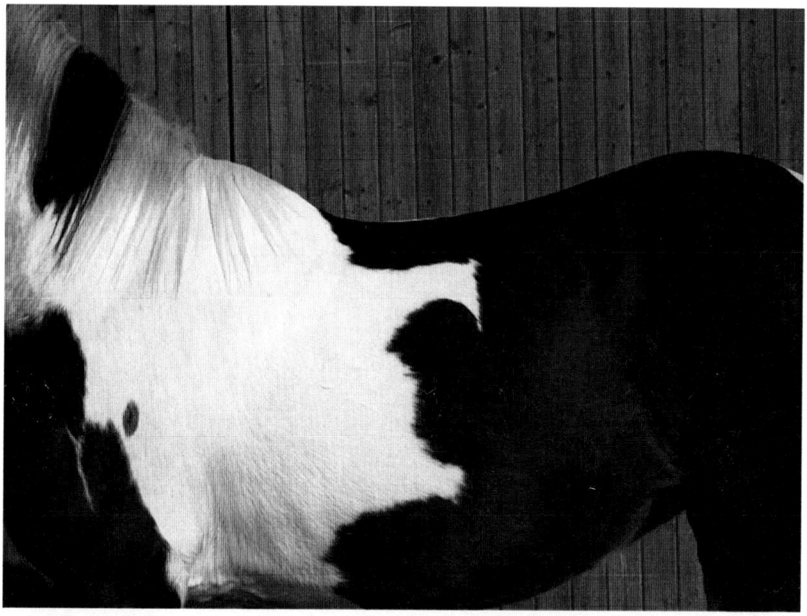

# *Pferd und Sattel in der Bewegung*

**Biegung:**

Unpassende Baumsättel behindern die Biegung des Pferdes.

Das Pferd geht eine Biegung, dabei wird die innere Seite kürzer und der Rücken auf dieser höher. Auf der gegenüberliegenden Seite dehnt sich die Rückenmuskulatur.

Bei einem unflexiblen Sattel kommt es daher innen zu starkem Druck durch den Sattelbaum. Zudem kann der Baumsattel bei Biegungen der Schulter in die Quere kommen und dem Pferd Schmerzen zufügen. Der Sattel drückt also sowohl im Schulter- als auch im Lendenbereich. Siehe dazu die Zeichnung auf Seite 78. So wird aus den eigentlich gymnastizierenden Seitengängen ein schmerzhaftes und verkrampftes Seitwärtsschieben. Lernt das Pferd dabei, dass diese Bewegungen Schmerzen bereiten, so wird es versuchen, sich den Biegungen zu entziehen.

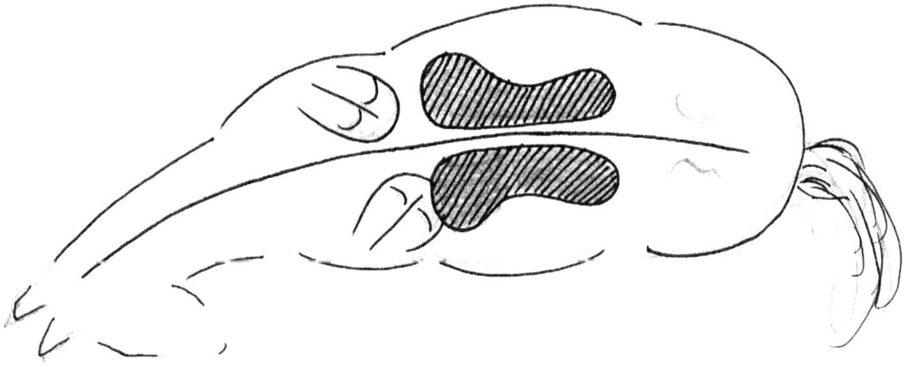

## Anatomisch richtiges Reiten

Damit der Rücken des Pferdes durch den Reiter keinen Schaden nimmt, ist nicht alleine der Verdienst eines gut sitzenden Sattels.

Damit wir ein gesundes, zufriedenes Pferd haben, spielen eine ganze Reihe Faktoren eine Rolle,. So beispielsweise die Haltung, reiterliche Nutzung, Fütterung, Ausrüstung, Bewegung, Hufpflege, medizinische Betreuung, Pflege sowie der Umgang mit dem Lebewesen Pferd. All diese Faktoren müssen im Pferdemanagement berücksichtigt werden, um lange Freude an dem Pferd als Partner zu haben.

Zu einem gesunden Pferd führen viele Faktoren wie gute Fütterung, ausreichende Bewegung und regelmäßige Hufpflege.

In diesem Buch nehmen wir aber, wie das Thema vorgibt, besonderen Bezug zum Rücken des Pferdes beziehungsweise auch dessen Zusammenhang mit dem Reiten. Und wo immer ein Reiter auf einem Pferd Platz nimmt – egal welche Reitweise er pflegt, auf welchem Kontinent er auch lebt, welcher Kultur er auch angehört – er legt etwas zwischen sich und das Pferd. In der Regel wird dies als Sattel bezeichnet.

Dieser Sattel ist also ein wichtiger Faktor in der Gesamtheit der wichtigen Faktoren, die rund ums Pferd eine Rolle spielen.

In Bezug auf den Rücken, auf dem dieser Sattel also liegt, ist ein weiterer Faktor sehr wichtig für das Pferd und das ist anatomisch richtiges Reiten. Natürlich können und wollen wir kein Buch über die Ausbildung des Pferdes schreiben, wir sind keine Reitlehrer oder Ausbilder. Was wir aber sind, nennt sich Pferdefreunde.

Pferdefreundliches Reiten unter biomechanischen Gesetzmäßigkeiten sollte unabhängig von der Reitweise sein.

Wir wollen also – und das sehen wir als unsere Pflicht als verantwortungsbewusste Pferdeliebhaber – die Leser dieses Buches auf die Wichtigkeit des pferdefreundlichen Reitens aufmerksam machen: Das Reiten des Pferdes unter biomechanischen Gesichtspunkten, wie es anders niemals praktiziert werden sollte – ganz gleich welcher Reitweise Sie angehören und welchen Sattel Sie nutzen.

Dafür ist der schonende Umgang mit dem Pferd unerlässlich. Ein Pferd muss sich erst körperlich soweit entwickeln, dass es überhaupt in der Lage ist, durch konsequentes Training einen Reiter auf seinem Rücken zu tragen. 2-jährige Pferde, wie es im Westernsport nicht unüblich ist, auf anstrengenden Prüfungen mit 20-Kilogramm Sätteln und 90-Kilogramm Reitern vorzustellen, ist ungesund fürs Pferd.

Erster Faktor wäre also dem Alter entsprechendes Training und Ausbildung. Wobei hier nicht allein das Alter, sondern die körperliche Entwicklung ausschlaggebend ist. Manche Pferde, wie auch Menschen, brauchen länger um erwachsen zu werden. So lange sich ein Pferd noch in der Entwicklung befindet, sind die Teile seines Körpers noch nicht in dem Maße belastbar, wie die eines ausgewachsenen Pferdes.

Zweiter Faktor ist ein langsamer Einstig in das Training. Der Körper, der Arbeit nicht gewohnt ist, ermüdet schnell. Der Trageapparat des Pferderückens aus Bändern, Sehnen und Muskeln ist am Anfang des Trainings nicht in der Lage, stundenlange Arbeit zu leisten. Wenn er ermüdet, wird der Reiter nur noch von der Wirbelsäule des Pferdes getragen, was dieser auf Dauer schadet und zum Beispiel zu „Kissing Spines“ führen kann.

Gute Vorbereitung mit Bodenarbeit, Handarbeit und Longenarbeit sind weitere Faktoren, gute, leichte und in der Balance sitzende Reiter der nächste. Bilden Sie sich also permanent fort und schulen Sie Ihren Sitz mit Hilfe eines guten Reitlehrers.

Nur der ausbalanciert sitzende Reiter kann der Pferdebewegung folgen.

Sitzt der Reiter gegen die Bewegungen des Pferdes, so stört dies das Pferd in seinem runden Bewegungsablauf. Kann er mit den Bewegungen des Pferdes nicht dynamisch mitgehen, wirkt der Reiter entgegen der Philosophie des pferdefreundlichen Reitens. Da nützt dann auch der beste Sattel nichts.

Ziel ist, dem Pferd zu ermöglichen, seinen Körper so auszubilden, dass es den Reiter auf seinem Rücken tragen kann ohne Schaden davon zu nehmen. Dazu lernt das Pferd zuerst in Dehnungshaltung zu laufen, den Rücken also aufzuwölben und das Rückenband anzuspannen. Später in seiner Ausbildung lernt es in Aufrichtung zu gehen und dabei den Rücken zu tragen. Wichtig sind für das Pferd im Training vor allem Pausen, denn jeder Körper ermüdet einmal.

Ebenso ist die Verfolgung der Ausbildungsskala, der Verzicht auf Hilfszügel und die Aufmerksamkeit des Reiters gegenüber dem Wohlbefinden seines Pferdes wichtig.

# Passende und unpassende Sättel

## Der unpassende Sattel und seine Folgen für das Pferd

Unpassende oder schlecht sitzende Sättel sind die häufigste Ursache für Rückenprobleme beim Pferd. Unserer Erfahrung nach passen viele Sättel nicht. Das ist absolut bedenklich. Besonders da wir wissen, wie wichtig eben dieser Faktor für ein gesundes Pferd ist.

Gründe warum der Sattel nicht (mehr) passt gibt es viele. Zum Beispiel Veränderungen im Pferdeleben, dem Training oder Futterzustand. So kann es aber auch sein, dass der Sattel auf ein krankes Pferd angepasst wurde. Wo Muskulatur atrophiert (zurückgebildet) ist, werden zu enge Sättel angepasst mit der Folge, dass sich darunter keine Muskulatur mehr ausbilden kann.

Interessante Forschungen dazu betrieb das Balance-Team um Carol Brett in England. Das Team stattete Pferde mit Sätteln aus, die im Bereich der Schulter breiter waren als die Anatomie des jeweiligen Pferdes vorgab. In wenigen Wochen entwickelte sich die Muskulatur der Pferde in diesem Bereich, so dass die Pferde die vorher zu weiten Sättel ausfüllten. Im weiteren Training mit den Pferden stellte das Team aber fest, dass die Sättel wieder zu weit wurden. Die Pferde wurden also mit noch weiteren Sätteln ausgestattet, die sie bald ausfüllten, um dann erneut wieder mit scheinbar zu weiten Sätteln geritten zu werden. Das Team stellte also folgende Theorie auf: Durch Druck des zu engen Sattels kommt es zu Muskelschwund auf beiden Seiten des Widerristes. Entfernt man den Druck und nutzt einen weiteren Sattel, so kann sich die Muskulatur wieder aufbauen und den weiteren Sattel ausfüllen. Irgendwann kommt aber dann der Punkt, wo der Sattel wieder anfängt zu drücken und es findet erneut eine Muskelatrophie statt. Der Sattel erscheint wieder zu weit.

Zu enge Sättel führen oft zu atrophierter Muskulatur.

Das Balance-Team entwickelte daraufhin Sättel, die bis zu vierzehn Zentimeter weiter sind als herkömmliche Sattelmodelle. Das sollte uns zu denken geben.

Ein zu enger Sattel spannt das Pferd bildlich gesehen in einen Schraubstock. Unter einem zu engen Sattel kann sich keine Muskulatur bilden. Viele Pferde, die scheinbar sehr schmal im Bereich des Widerristes sind, wären dort breiter und besser bemuskelt, wenn sie mit einem weiteren Sattel geritten würden. Viele baumlose Sättel haben an die-

Baumlose Sättel passen sich dem Rücken an und geben nach.

sen Stellen keine festen Teile, die ständigen Druck auf die Muskulatur ausüben. Bei einigen Modellen kann man die Kammergröße austauschen oder einstellen und so den Sattel an das aufmuskelnde Pferd anpassen.

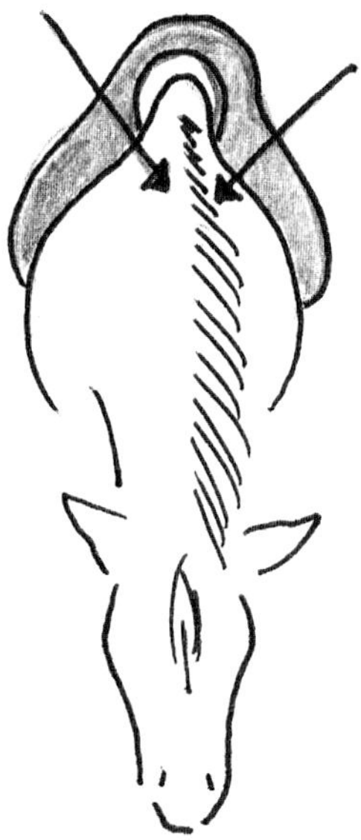

**Die häufigsten Probleme, die im Zusammenhang mit schlecht passenden Sätteln zu beobachten sind:**

• Eine zu enge Kammer, welche auf der ungeschützten Wirbelsäule aufliegt und ihr keine Bewegungsfreiheit lässt sowie die Muskulatur rechts und links der Wirbelsäule beeinflusst

• „Brückenbildung", das heißt Sättel, welche durch ihre ungleichmäßige Auflage starke Druckkonzentrationen unter dem vorderen und hinteren Teil des Sattels verursachen
Zu lange Sättel, die zu weit in den Lendenbereich des Pferdes ragen.

Probleme in der Sattelpassform können sich unterschiedlich ausdrücken..

• Zu weite Sättel, die auf dem Widerrist oder der Wirbelsäule aufliegen.

• Sättel, die den Schwerpunkt des Reiters nach vorne legen und dadurch starke Druckkonzentrationen über dem Widerrist und unter den Pauschen hervorrufen oder den Schwerpunkt des Reiters zu weit nach hinten verlagern und auf die empfindliche Lendenpartie des Pferdes drücken.

• Sättel, die auf dem Pferderücken zu starr aufliegen und dadurch das Pferd in seiner Längsbiegung stören.

• Diese Probleme des Sattels können zu folgenden Anzeichen beim Pferd führen.

## Äußerliche Anzeichen eines unpassenden Sattels

### Satteldruck

Der Rücken des Pferdes, auf dem wir im Sattel Platz nehmen, ist mehr als nur ein bequemer Ort. Wir sitzen auf einem großen Tier, aber im Inneren befindet sich jede Menge feines, „lebendes Material" aus Muskelfasern, Blutgefäßen, in denen der Saft des Lebens zirkuliert, Zellen, die von Nerven innerviert werden etc.

All diese feinen inneren Strukturen können durch Druck Schaden nehmen.

Reiten ohne Druck gibt es aber nicht. Immer wenn ein Reiter auf einem Pferd sitzt, kommt es zu Druck auf dem Pferderücken. Somit gibt es auch keine Sättel, die keinen Druck auf den Pferderükken ausüben, wenn ein Reiter darauf Platz nimmt.

Satteldruck ist immer ein Produkt aus Stärke und Zeit, in der er wirkt.

Satteldruck lässt sich am besten mit dem Wundliegen beim Menschen vergleichen. Starker Druck kann die Blutgefäße zusammendrücken und zu Mangeldurchblutung und damit zu Gewebeschäden führen. Entstehung von Satteldruck ist immer ein Produkt von Druckstärke und Zeit. Nicht jeder Druck führt zu einem Satteldruck. Geringer Druck, der die Zirkulation in den Gefäßen nicht einschränkt, kann lange wirken. Je höher der Druck aber ist, umso kurzer darf die Zeit sein, in der er wirkt, sonst führt er zu Schädigungen.

Da wir unsere Pferde meist nur ein bis zwei Stunden am Tag reiten, regenerieren sich viele

Pferde in den Pausen von bis zu 23 Stunden wieder und es dauert lange bis deutliche Probleme des Satteldrucks auftreten. Viele Pferde leiden daher unter Satteldruck ohne dass es jemand bemerkt.

Untersuchungen am Menschen zeigen, dass oberflächlicher Druck, der auf der Haut gemessen wurde, tiefer im Gewebe an Knochenvorsprüngen viel größer ist und somit größeren Schaden anrichten kann. Geringer Druck auf Hautniveau kann erhöhten Druck in tieferen Gewebeschichten bedeuten.

Wird in der Nähe von Knochenvorsprüngen ein Druck von 50 mmHg ausgeübt so kann in einem Zentimeter Tiefe ein Druck von 150 mmHg gemessen werden.

Wie viel Druck dem Pferd schadet und zu dem gefürchteten Satteldruck mit sichtbaren Veränderungen am Pferdekörper führt, ist nicht bewiesen. Fest steht aber, dass Druckspitzen das Pferd stören und in seinen Bewegungen beeinflussen.

Wie viel Druck dem Pferd schadet ist nicht bewiesen.

Satteldruck muss nicht zwangsläufig als Ursache den Sattel haben. Denkbar ist zum Beispiel auch ein unausbalancierter Reiter, der sich permanent zu weit nach vorne lehnt. Zudem kommt es zu mehr Druck, wenn der Reiter auf einem stehenden Pferd sitzt, als wenn das Pferd sich mit dem Reiter fortbewegt.

# Der unpassende Sattel

Der Widerrist und die Wirbelsäule sind für Satteldruck besonders empfindlich.

**Besonders empfindlich sind folgende Stellen für Satteldruck:**

- Der Bereich des Widerrist und der Wirbelsäule, da hier der Knochen knapp unter der Haut liegt.

- Der Bereich rechts und links des Widerristes, aufgrund der eindrückenden Ortenden des Vorderzwiesels und Kopfeisens.

- Der Bereich der Schulterpartie und die Partie im Lendenbereich durch Brückenbildung des Sattels.

- Der Bereich unterhalb des Sattelblattes oder unterhalb der Satteldecke, wenn die Kante des Sattels hart ist oder zu viel Bewegung des Sattels in diesem Bereich stattfindet.

- Der Bereich der Gurtlage und besonders an den Enden des Gurtes.

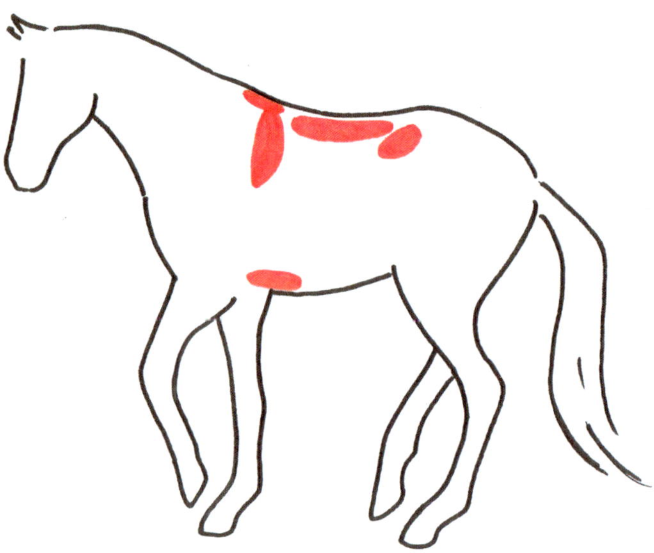

### Abgebrochene Haare

Abgescheuerte oder abgebrochene Haare im Bereich der Sattellage sind ein Zeichen dafür, dass der Sattel an dieser Stelle zu viel oder zu wenig Druck ausübt. Meist finden sich solche Bereiche an der Schulter oder in der Lendenpartie. Besonders bei Westernsätteln kann schnell durch Reibung im hinteren Bereich dieses sichtbare Merkmal eines unpassenden Sattels entstehen.

### Schwellungen

Schwellungen und Verdickungen in der Sattellage sieht man meist direkt nach dem Entfernen des Sattels nach dem Ritt. Meist verschwinden Sie nach kurzer Zeit wieder. Sie können durch Hitze unter dem Sattel entstehenden, besonders an Stellen die großem Druck ausgesetzt sind.

Schwellungen können aber auch viel später nach dem Absatteln entstehen. Sie haben Druck als Ursache ohne offen und wund (siehe unten) zu sein.

### Wunde Stellen

Wunden und offene Stellen können durch zu großen Druck oder zu viel Reibung entstehen. Zu enge Sättel, kaputte (zum Beispiel ein gebrochener Sattelbaum), ungünstig gepolsterte oder zu lange Sättel, drückende oder scheuernde Gurte oder Dreck unter der Satteldecke; all das kann zu wunden Stellen führen, die bluten, heiß und geschwollen sein können. Meist entstehen diese Stellen nach langen Ritten wie Distanzritten, Wanderritten, Fuchsjagden oder Ähnlichem.

Wunde Stellen im Rückenbereich können aber auch durch Bremsenbisse oder entzündete Talgdrüsen bedingt sein. Dies kann das Reiten durch Schmerz ebenfalls beeinträchtigen.

### Weiße Haare

Weiße Haare auf dem Pferderücken entstehen durch Zellschädigung. Druck kann aber auch Schaden am Pferd auslösen, ohne dass man dies an den berüchtigten weißen Haaren erkennen kann.

Ebenso kann es vor dem Entstehen der weißen Stellen offene Wunden gegeben haben oder auch nicht. Durch mechanische Reizung (Druck) werden Zellen geschädigt, die für die Färbung der Haare zuständig sind (Melanozyten). Diese stellen die Produktion des Farbstoffes (Melanin) ein und es kommt zu ungefärbten Haaren (weiß).

Weiße Haare als Zeichen von Satteldruck entstehen durch Zellschädigung.

Weiße Haare müssen nicht zwangsläufig flächenartig vorkommen. Auch stichelhaarige Stellen können auftreten, dort wo weniger Melanozyten in Mitleidenschaft gezogen wurden.

Meist sieht man weiße Haare erst nach dem Fellwechsel im Frühjahr oder Herbst und oftmals verschwinden sie auch beim darauf folgenden Fellwechsel. Manchmal bleiben sie aber auch ein Pferdeleben lang bestehen und erinnern an den Schmerz, den das Pferd durch den unpassenden Sattel hatte.

**Dellen in der Muskulatur**

Dellen in der Muskulatur deuten auf atrophierte Muskulatur hin. Druck schadet nicht nur den Kapillaren und den pigmentbildenden Zellen, sondern auch den Muskelzellen. So können sich in der Sattellage in der Rückenmuskulatur regelrechte Löcher bilden. Sie sind absolute Alarmzeichen. Werden sie ignoriert, kann dies zu großflächigen Schädigungen führen.

### Atrophierte Muskulatur

Atrophierte Muskulatur ist die Katastrophe auf dem Pferderücken und das deutlichste Bild eines unpassenden Sattels, das wir sehen können. Meist ist der Bereich rechts und links des Widerristes betroffen oder aber die ganze Muskulatur rechts und links der Wirbelsäule. Die Muskulatur ist in diesen Fällen sehr stark geschädigt und die Wirbelsäule tritt deutlich sichtbar hervor. Die Lage des unpassenden Sattels zeichnet sich auf dem Rücken des armen Pferdes sichtbar ab.

Atrophierte Muskulatur deutet oftmals auf einen unpassenden Sattel hin.

### Narben und Verhärtungen

Alter Satteldruck kann auch Narbengewebe und verhärtete Stellen zurück lassen. Sie sind dann in den Tiefen des Gewebes als Knoten tastbar oder aber deutlich sichtbar, da unbehaart.

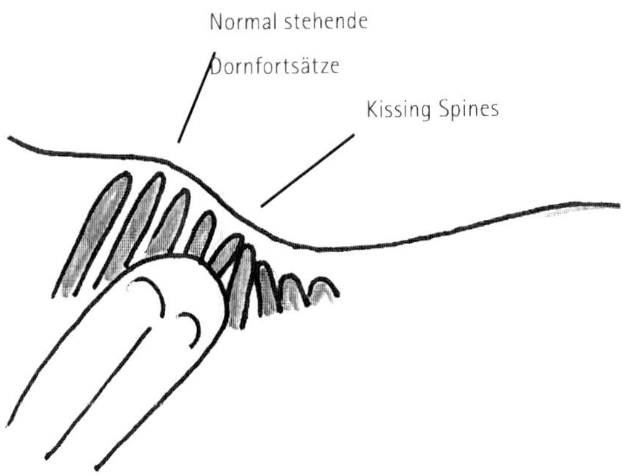

**Nicht äußerlich zu erkennen sind folgende Probleme durch einen unpassenden Sattel:**

**Verspannungen**

Wo der Sattel drückt, kommt es über kurz oder lang durch den Schmerz zu Verspannungen beim Pferd. Ist zuerst nur der Rücken involviert, so kann bald das ganze Pferd betroffen sein.

Lokale Verspannungen führen durch Ausgleichshaltung schnell zu Verspannungen in weiteren Gebieten. Bei einem Pferd mit unpassendem Sattel können schnell die Kruppenmuskulatur, die Unterhalsmuskulatur, die Vorhandmuskulatur sowie die Muskulatur der Hinterhand Verspannungen aufweisen.

**„Kissing Spines"**

Auch Rückenerkrankungen wie „Kissing Spines" können durch einen unpassenden Sattel verursacht werden. Hierbei berühren sich die Dornfortsätze der Wirbel und es kommt zu schmerzhaften Entzündungen. Durch einen unpassenden Sattel und starken Druck im Rücken, der zu Verspannungen führt, neigt das Pferd dazu seinen Rücken durchzudrücken und in Extensionshaltung zu laufen.

Ein ständig „weg gedrückter" Rücken durch einen unpassenden Sattel kann zu bleibenden Schäden wie „Kissing Spines" führen.

Durch Kontraktion der Muskeln kommt es zur Annäherung der Dornfortsätze und zu Entzündungen dieses Bereiches, die später zu Verwachsungen und somit zu einer Versteifung der Wirbel führen.

### Verhaltensauffälligkeiten

Folgende Änderungen des Verhaltens kann man bei Pferden erkennen, welche unter unpassenden Sätteln und in Folge dadurch meist unter Rükkenschmerzen leiden.

### Probleme beim Putzen der Sattelregion

Wenn wir die Pferde genau beobachten, können wir Abwehrreaktionen beobachten.

Das Pferd wehrt sich schlimmstenfalls deutlich gegen das Putzen mit Treten oder beißen, kann seinen Unmut aber auch subtiler mit Anlegen der Ohren, Blecken der Zähne, Aufstampfen, Kopfschlagen, Scharren, Schütteln, unruhigem Stehen, Ausweichen, nach hinten Schauen, Schweifschlagen, Zähneknirschen, Rücken wegdrücken etc. ausdrücken. Die Bereiche unter dem drückenden Sattel sind oftmals sehr empfindlich. Schon leichteste Berührungen der Haut schmerzen das Pferd.

### Probleme beim Satteln

Pferde mit einem unpassenden Sattel lassen sich meist sehr ungern satteln. Einige fangen schon vor dem Auflegen des Sattels mit oben genannten Anzeichen der Abneigung an. Schuld an diesen Verhaltensweisen kann auch ein unangenehmer Gurt sein, der zu eng oder zu hart ist oder an unpassender Stelle sitzt, wie es oftmals bei Kurzgurten zu beobachten ist. Viele dieser Gurte drücken die Pferde im Bereich des Ellbogens.

### Probleme beim Aufsteigen des Reiters

Auch das Aufsteigen ist bei unpassendem Sattel meist eine schwierige Übung. Das Pferd zeigt oben genannte Verhaltensauffälligkeiten, steht nicht still, läuft davon, ist unruhig, steigt oder buckelt.

**Probleme beim Reiten**

Ebenso wie beim Putzen, Satteln oder Aufsteigen verhält es sich beim Reiten. Hier kann auch die gesamte Bandbreite der Verhaltensauffälligkeiten gezeigt werden, wie sie schon in den vorhergegangenen Absätzen aufgezählt wurden. Unruhe, Buckeln und im Extremfall Steigen. Auch Schütteln mit dem Reiter auf dem Rücken kommt oftmals vor. Auffällig ist bei einigen Pferden auch ihre verstärkte Schreckhaftigkeit. Manchmal zeigen die Pferde auch nur in der Aufwärmphase diese Verhaltensweisen.

Probleme, die wir zu leicht dem Ungehorsam des Pferdes zuordnen, können Ausdruck von Schmerz sein.

Im Training können folgende Probleme auf einen unpassenden Sattel und damit Schmerzen beim Pferd hindeuten:

- Lässt sich schlecht biegen

- Braucht lang zum Aufwärmen

- Rennt beim bergab Reiten den Abhang hinunter, statt langsam und gerade hinunter zu gehen

- Kann nicht geradeaus gehen, läuft Schlangenlinie auf der Geraden

- Ist steif und unbeweglich

- Unklare Lahmheiten der Vor- und Hinterhand

- Lateralverschiebung hin zum Pass

- Reißt den Kopf nach oben

- Schaut nach außen oder vermehrt nach innen
- Macht oft einen Buckel und drückt den Rücken nach oben
- Lässt den Rücken beim Aufsteigen fallen, klappt dabei fast zusammen
- Wehrt sich immer wieder gegen den Reiter und seine Forderungen
- Kann sich nicht konzentrieren aufgrund des Schmerzes
- Ist unwillig den Rücken oder den Hals zu wölben
- Stolpert viel oder trippelt mit verkürzten Schritten
- Tritt nicht unter den Schwerpunkt
- Geht mit dem Reiter durch
- Rennt durch Hindernisse oder durch den Parcours oder versucht den Sprung schnell hinter sich zu bringen
- Verweigert den Sprung

### Probleme beim Hufschmied

Für Pferde mit Rückenschmerzen ist der Besuch des Hufschmiedes oftmals mit großem Schmerz verbunden. Es tut weh auf drei Beinen zu stehen und die Balance zu halten, wenn die Muskulatur verspannt, verhärtet und schmerzhaft ist. Die Pferde wehren sich, wie oben beschrieben, dagegen und werden meist noch für ihr Verhalten diszipliniert, wo sie lediglich versuchen, dem Schmerz zu entgehen.

Auch auffälliges Verhalten beim Hufschmied kann auf sattelbedingte Rückenprobleme zurückzuführen sein.

### Probleme in der Box, auf der Weide oder im Paddock

Auch auf der Weide, im Stall oder Paddock können Verhaltensauffälligkeiten deutlich werden, die auf Rückenschmerzen durch einen unpassenden Sattel hindeuten können. So steht das Pferd zum Beispiel komisch – lehnt sich gehen Wände, Balken oder Zaunpfähle, sitzt auf Futterkrippen, scharrt sich die Einstreu zu Haufen, um vorne oder hinten erhöht zu stehen. Auch verstärkte Unruhe, die Unfähigkeit ruhig zu stehen oder auffällige Bewegungslosigkeit können auf Schmerzen hindeuten, ebenso wie andauerndes Umherwandern oder häufig zu beobachtendes Wälzen.

## Sattelpassform und Traditionelle chinesische Veterinär-Medizin

Energieleitbahnen der chinesischen Medizin werden durch den Sattel beeinflusst.

Genau in der Sattellage des Pferdes verläuft die wichtigste Energieleitbahn die wir in der Chinesischen Medizin kennen, der Blasenmeridian. Auf dem Blasenmeridian liegen die so genannten Zustimmungspunkte. Dies sind Punkte, die Beziehung zu bestimmten Organen des Pferdes haben. Zustimmungspunkte werden zu therapeutischen Zwecken genutzt, haben aber auch großen diagnostischen Wert.

Der Akupunkteur ist in der Lage, durch Drükken der entsprechenden Punkte etwas über den Zustand der Organe des Pferdes zu erfahren. Die Punkte geben Auskunft, wie die energetische Situation in den entsprechenden Meridianen zum Zeitpunkt der Untersuchung aussieht. So kann auch der Therapieverlauf während einer Akupunkturbehandlung über Prüfung der Zustimmungspunkte kontrolliert werden.

Sind die Zustimmungspunkte druckdolent, das heißt, zeigt das Pferd eine Reaktion auf das Drükken des Punktes, so kann der Therapeut daran eine Störung oder Disharmonie im Energiefluss des zugeordneten Organs/Meridians erkennen. Ebenso können aber auch über die Akupunkturbehandlung entsprechende Zustimmungspunkte akupunktiert werden und so eine Beeinflussung der Organe/Meridiane erfolgen.

### Lage der Zustimmungspunkte

Die Zustimmungspunkte liegen auf dem Rükken des Pferdes, etwa eine Hand breit neben der Wirbelsäule, auf beiden Seiten rechts und links der Wirbelsäule. Der erste Zustimmungspunkt sitzt direkt an der Unterseite des Schulterblattknorpels. Von dort ausgehend liegen alle weiteren Zustimmungspunkte wie eine Kette aufgereiht, dem Rükkenverlauf des Pferdes folgend, in einer Reihe. Die Punkte liegen immer in den Intercostalräumen. Das sind die Zwischenräume der Rippen.

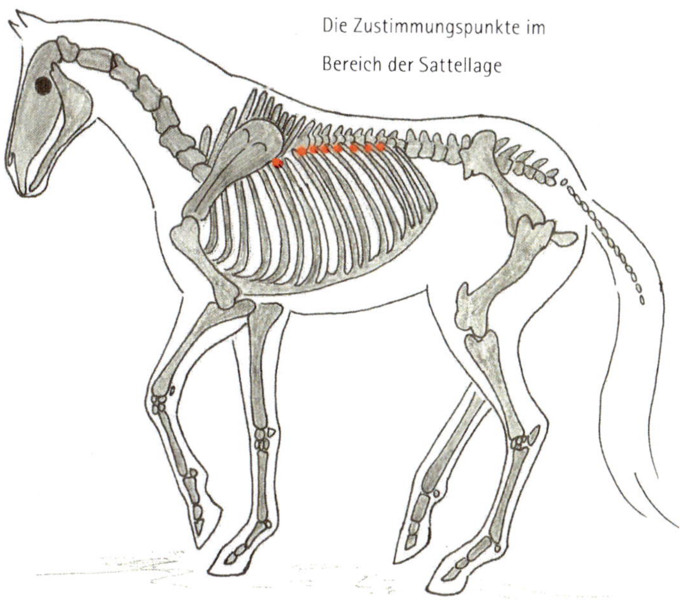

Die Zustimmungspunkte im Bereich der Sattellage

# *Der unpassende Sattel*

Da in dem Bereich der Lage der Zustimmungspunkte normalerweise auch der Sattel des Pferdes aufliegt, kann dieser die Zustimmungspunkte des Pferdes stimulieren. Diese Stimulation ist allerdings unerwünscht und kann zu Problemen beim Pferd führen, da der Energiefluss der Meridiane blockiert werden kann.

Der Zustimmungspunkt, welcher direkt hinter dem Schulterblatt liegt ist Blase 13. Er ist der Zustimmungspunkt der Lunge.

Nächster Punkt, Blase 14 ist der Zustimmungspunkt des Perikards, des Herzbeutels, der auch Bezug zum Herzen des Pferdes hat.

Blase 15 ist der Zustimmungspunkt des Herzens.

Zustimmungspunkte in der Sattellage können von engen Sätteln gedrückt werden.

Diese drei Punkte werden von zu engen Sätteln stark gequetscht. Über diese starke Stimulation ergeben sich Probleme im Atemwegs-/Herz-Kreislauf-Bereich. Pferde husten vermehrt unter dem Sattel, ihre Atmung ist eingeschränkt und sie sind wenig leistungsbereit. Ein passender Sattel kann diese Probleme vollständig beseitigen. Sinnvoll ist eine zusätzliche Akupunkturbehandlung, um den harmonischen Energiefluss wieder herzustellen.

Weiter hinten im Bereich der Blase 17 (= Zustimmungspunkte des Zwerchfells) wird durch einen unpassenden Sattel ebenfalls die Atmung beeinflusst. Sättel, die in der Mitte verstärkt aufliegen, also nach vorne und hinten kippeln, können so zu Atemnot beim Pferd führen.

Es folgen Blase 18 und 19. Zustimmungspunkte der Leber und der Gallenblase. Leber und Gallenblase sind in der chinesischen Medizin der Muskulatur zugeordnet und beeinflussen den gesunden Bewegungsablauf des Pferdes. Drückt der Sattel vermehrt in diesen Bereich, so kann es zu Verspannungen der gesamten Rückenmuskulatur kommen sowie zu Störungen im Ablauf der Bewegungen. Dies kann auch die Vor- und Hinterhand des Pferdes in Mitleidenschaft ziehen.

Aber nicht nur am Rücken kann der Sattel die Akupunkturpunkte und Leitbahnen des Pferdes stören. Im Bereich des Sattelgurtes verlaufen mehrere Meridiane, die durch einen quetschenden Gurt in ihrem Fluss gestört werden. Es ist also darauf zu achten, dass der Gurt niemals zu fest angezogen wird.

Auch im Bereich der Gurtlage können Akupunkturpunkte beeinflusst werden.

## Der korrekt liegende Sattel

Ein guter Sattel muss nicht nur passen, sondern sich auch dem Pferd anpassen können.

Ein gut passender Sattel muss ruhig und eben auf dem Pferderücken aufliegen, das Reitergewicht gleichmäßig über die gesamte, möglichst große, nicht zu harte Auflagefläche verteilen, darf die Wirbelsäule nicht berühren oder den Trapezius-Muskel einklemmen und nicht zu weit in die Lende herein reichen.

Der Sattel darf das Pferd nicht in seiner Bewegung und in Biegungen behindern, er muss sicher hinter dem Schulterblatt zum Liegen kommen, ohne auf den Widerrist zu drücken. Weiterhin sollte der Schwerpunkt des Sattels mit dem Schwerpunkt des Pferdes übereinstimmen, der Gurt an der richtigen Stelle liegen und die Steigbügelaufhängung mit dem Schwerpunkt harmonieren.

Nebenbei sollte er aus hochwertigem Material bestehen, gepflegt und unversehrt sein und zum Reiter passen.

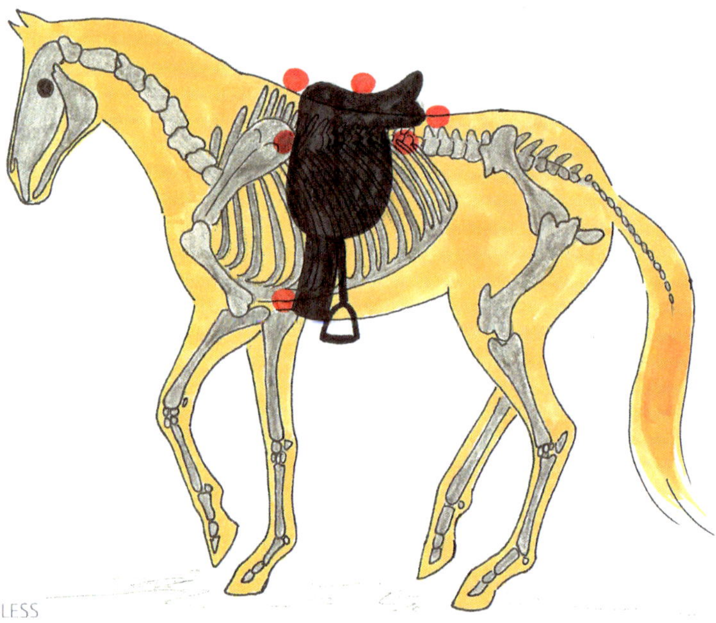

**Vorbereitung zur Überprüfung der Sattelpassform:**

Stellen Sie Ihr Pferd auf einen völlig ebenen Untergrund und achten Sie darauf, dass es geschlossen steht, alle vier Beine gleichmäßig belastet und den Hals gerade hält. Am besten Sie stellen einen Helfer an den Kopf.

Streichen Sie nun die Sattellage ab, fühlen Sie über Wirbelsäule, Widerrist und Schultermuskulatur. Erfühlen Sie Erhebungen und Kuhlen, Verhärtungen, vermehrte Wärme et cetera. Speichern Sie dies alles ab und vergleichen es mit der anderen Seite Ihres Pferdes. Achten Sie auf sein Verhalten.

Nehmen Sie sich Zeit, Ihr Pferd anzuschauen und anzufassen.

Stellen Sie sich nun erhöht hinter Ihr Pferd und schauen von oben auf seinen Rücken hinab. Stehen alle Wirbel in einer Reihe oder macht der Rücken von oben gesehen eine Krümmung, obwohl Ihr Pferd gerade steht? Wie ist die Schulter Ihres Pferdes ausgeprägt. Gibt es Asymmetrien? Wie breit ist die Wirbelsäule? Liegt sie eingebettet in der Muskulatur, bildet sich eventuell sogar eine „Regenrinne“ in der Mitte des Pferderückens oder steht die Wirbelsäule hervor (vielleicht nur in bestimmten Bereichen)?

### Einzeichnen der Sattellage

Ertasten Sie das Ende des Schulterblattes bei Ihrem Pferd und markieren es mit Kreide. Heben Sie das Bein an und markieren sie auch diese Lage des Schulterblattes auf dem Pferd. (Haben Sie keine Kreide, können Sie auch buntes Isolierband zur Markierung nutzen.

Ertasten Sie nun die letzte Rippe des Pferdes am Bauch und verfolgen Sie ihren Verlauf nach oben zur Wirbelsäule hin. Markieren Sie den Punkt am Rücken mit Kreide.

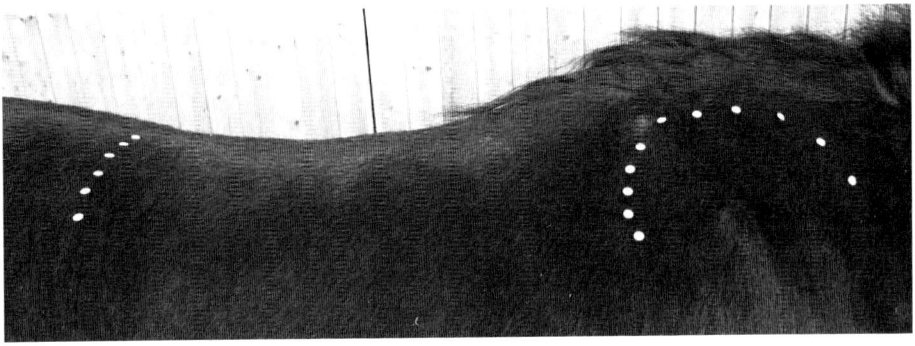

### Sattel auflegen

Legen Sie jetzt den Sattel ohne Gurt, Decke oder Pad auf den Pferderücken auf. (Beim Westernsattel sollte später noch mal eine Beurteilung mit dem gewohnten dicken Pad durchgeführt werden.)

Um die richtige Position des Sattels zu finden, bringen Sie ihn über den Widerrist und schieben ihn mit der Fellwuchsrichtung auf den Platz auf dem er beinahe automatisch zum Liegen kommt.

## Die einzelnen Punkte der Passformüberprüfung:

### Die Schulter

Beinahe wichtigster Punkt bei der Überprüfung der Passform des Sattels ist die Schulter des Pferdes. Viel zu viele Reiter satteln ihre Pferde zu weit vorne. Dies schränkt die Bewegungsfreiheit des Pferdes ein, da das Schulterblatt nicht mehr physiologisch arbeiten kann. Bei der Vorwärtsbewegung des Vorderbeines rotiert das Schulterblatt. Ein unflexibler Sattel kann in diesem Fall sehr stören. Flexible baumlose Sättel können in der Regel bedenkenlos weiter vorne gesattelt werden, da sie die Pferde nicht in der Bewegung hindern. Bei unflexibeln Sätteln sollte der Abstand zwischen Schulterblatt und Sattel mindestens zwei Fingerbreiten betragen.

Das notwendige Rotieren des Schulterblattes wird durch unpassende Sättel oft eingeschränkt.

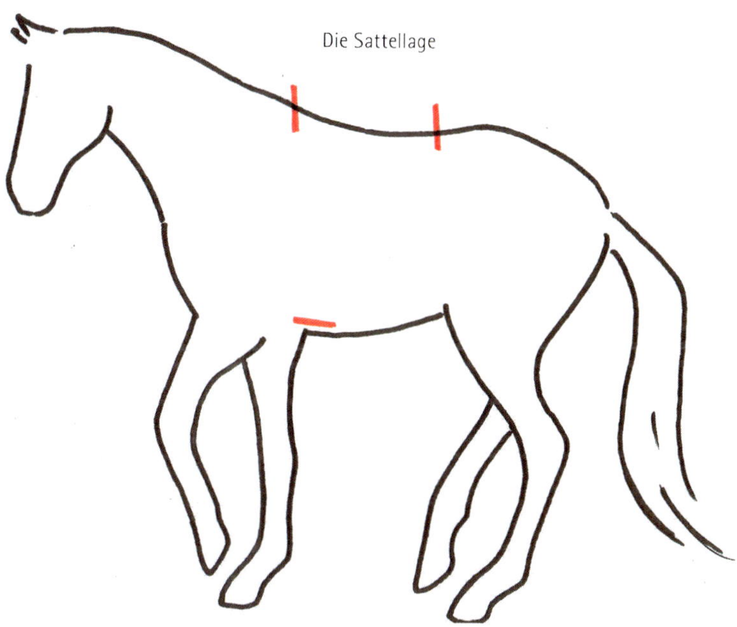

Die Schulterweite ist besonders wichtig, wie wir bereits im Kapitel über die Anatomie verdeutlicht haben. Viele Sättel sind zu eng im Bereich der Schulter und pressen das Pferd in eine bestimmte Form. Die Spitzen des Baums drücken sich schmerzhaft in die Muskulatur des Pferdes, wenn der Sattel zu eng ist. Es kommt zu starkem punktuellen Druck. Dieser Druck bringt das Pferd dazu, den Rücken durchzudrücken und hohl zu machen. So ist kein physiologisch richtiges Reiten möglich.

Viele Baumsättel passen nicht, da sie nicht der Form des Pferdekörpers entsprechen.

Der Baumsattel sollte in seiner Form der Form des Pferdekörpers entsprechen. Baumlose Sättel passen sich der Pferdeform flexibel an. Überprüfen kann man die Passform eines Baumsattels in diesem Gebiet, indem man mit der flachen Hand von oben nach unten fährt. Natürlich macht dieser Test keinen Zweck bei einem festgegurteten Sattel oder mit dem Reiter drauf, deswegen nur mit aufgelegtem Sattel testen.

Sind irgendwo Unebenheiten zu erfühlen? Ist der Sattel irgendwo enger als an einer anderen Stelle? Wenn der Sattel im oberen Bereich enger ist als im unteren Bereich, so ist der Sattel zu weit. Ist es umgekehrt, so ist der Sattel zu eng.

Gleichmäßig aufliegende Kissen
Zu weiter Sattel
Zu pralle Kissen

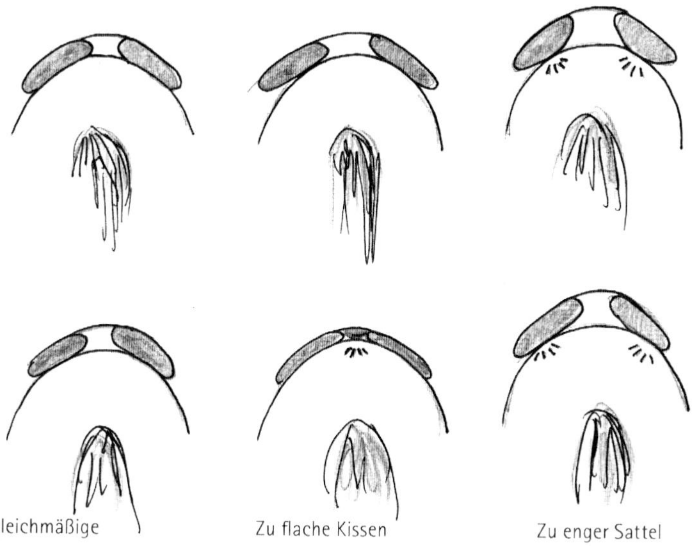

Ungleichmäßige Kissenfüllung
Zu flache Kissen
Zu enger Sattel

Ist der Sattel zu eng, hat der Reiter das Gefühl bergauf zu sitzen. Er gerät in den Stuhlsitz. Leichttraben kann dann unheimlich anstrengend sein. Frauen reiten sich auf diesen Sätteln auch gerne wund, da sie mit dem Schambein gegen den Sattel stoßen – sehr unangenehm für Pferd und Reiter. Außerdem verschiebt sich hier der Schwerpunkt des Sattels nach hinten, so dass der Reiter vermehrt in der Lendenregion des Pferdes sitzt. Ebenfalls schmerzhaft. Sättel, die so auf dem Pferd liegen, weisen zudem oftmals noch das Problem der Brückenbildung auf. Nachzulesen weiter unten.

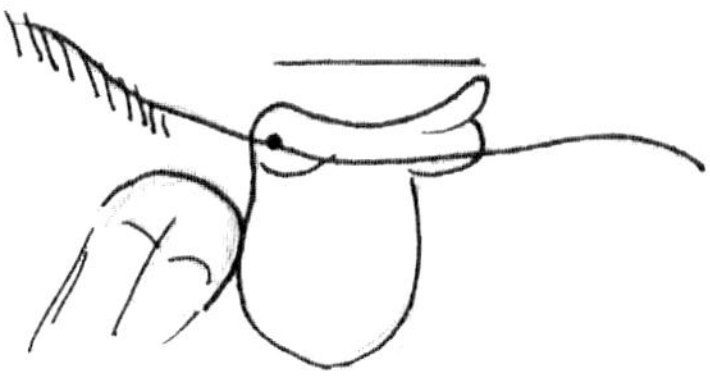

Korrekt liegender Sattel

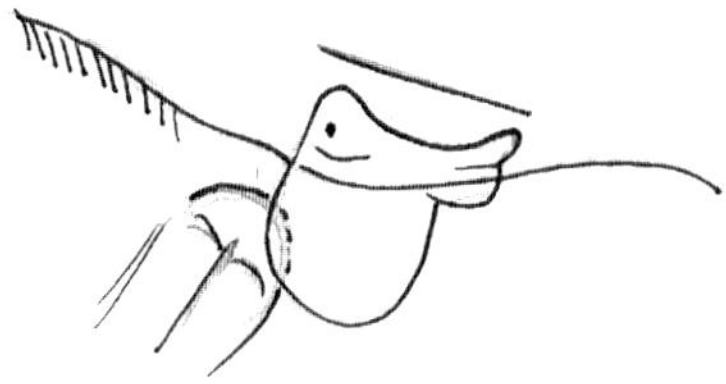

Zu enger Sattel

Zu weiter Sattel

Passt sich das Pferd dem Sattel an, so ist dies ungesund.

Ist die Schultermuskulatur durch einen zu engen Sattel atrophiert, so kann es so aussehen, als ob der Sattel passt, da sich das Pferd dem Sattel angepasst hat. Wichtig ist in diesem Fall aber ein weiter Sattel, der dem Pferd in diesem Bereich Platz lässt, um sich zu entwickeln und entsprechende Bereiche wieder mit Muskulatur aufzufüllen. Flexible baumlose Sättel geben dem Pferd die Möglichkeit, in diesen Bereichen wieder Muskulatur anzusetzen.

**Die Lende**

Da es viele Pferde mit sehr kurzen Rücken gibt, tritt hier verstärkt das Problem mit zu langen Sätteln auf. Besonders sind hier die Westernsättel zu nennen, die auf vielen Pferden viel zu weit in den Lendenbereich hinein ragen. Selbst die so genannten Kurzen Westernsättel sind oft noch zu lang. Vor allem wenn, der Mode folgend, kurze Ponys mit Westernsätteln geritten werden.

Auch Islandreiter sind hier aufzuführen, die das Kruppesitzen praktizieren und ihren Pferden mit zu langen und zu weit nach hinten gelegten Sätteln nachhaltig schaden.

Zwar sollte die Auflagefläche eines Sattels so groß wie möglich sein, damit das Reitergewicht möglichst großflächig verteilt wird - zu lang darf sie aber auch nicht sein, weil dann die Lendenpartie des Pferdes zu stark belastet wird. Die Wirbelsäule hat Ihre größte Tragkraft zwischen dem Widerrist und dem 15. Brustwirbel. Über den letzten, den 18. Brustwirbel, hinaus, darf die Auflagefläche eines Sattels nicht reichen. Diesen Punkt haben Sie ja bereits im ersten Schritt auf dem Pferderücken markiert.

Nach dem 18. Brustwirbel ist die Wirbelsäule nicht mehr tragfähig genug, das Reitergewicht aufzunehmen.

Das Ende der Auflagefläche ist allerdings nicht immer auch das Ende des Sattels und so kann es vor allem bei hinten stark überbauten Pferden zu einer dauernden Reibung des Sattels und hierdurch zu Haarbruch beim Pferd kommen.

Das der Sattel das Pferd in die Nieren drückt, ist allerdings eine weit verbreiteter Irrtum. Die Nieren liegen gut geschützt im Inneren des Pferdes und werden durch einen zu langen Sattel oder einen zu weit hinten auf der Lende des Pferdes sitzenden Reiter nicht beeinträchtigt.

Selbstverständlich gib es auch das andere Extrem. Der Sattel ist zu kurz. Auch das kann vorkommen. Besonders bei sehr langen Pferden.

Dann hört der Sattel mittig des Rückens auf, dabei könnte die Auflagefläche viel größer sein und somit der Sattel für das Pferd bequemer.

**Die Wirbelsäule**

Die Wirbelsäule sollte grundsätzlich frei sein. Frei bedeutet nicht in einem schmalen Kissenkanal, die Wirbelsäule in den Schraubstock spannend, sondern wirklich mit zwei Zentimetern (bei einem Warmblut, bei kleinen Ponys oder sehr zierlichen Pferden entsprechend weniger) Platz rechts und links der Wirbelsäule, um auch bei Wendungen und Biegungen des Pferdes genug Freiheit zu haben.

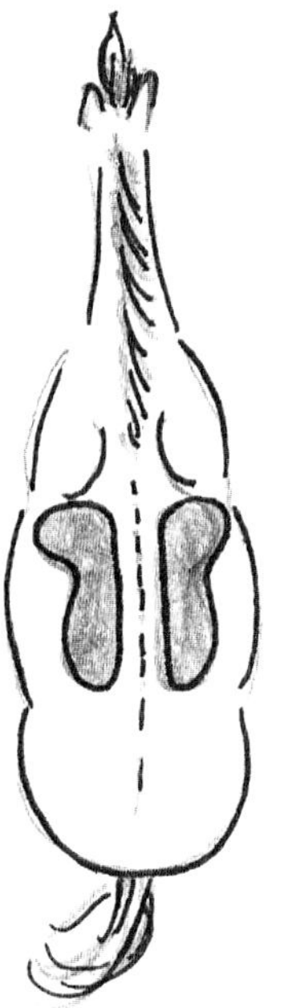

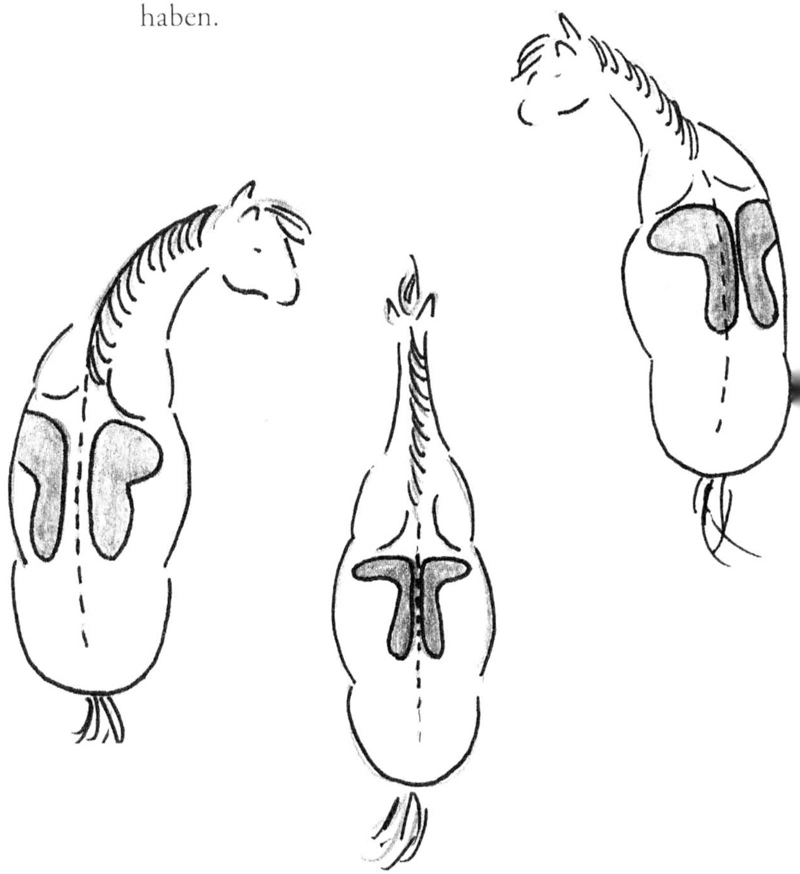

Der Sattel darf die Wirbelsäule keinesfalls berühren und sollte mit seinen Kissen auf der Rückenmuskulatur beidseits der Wirbelsäule zum Liegen kommen.

Ausreichend Platz muss zwischen den beiden Auflageflächen des Sattels (Kissenkanal) sein, um die Berührung der Wirbelsäule zu vermeiden.

Zu weit darf der Kissenkanal aber auch nicht sein, da dies die Auflagefläche der Kissen verkleinert. Die Kissen liegen dann nicht mehr in ihrer gesamten Breite auf dem Pferderücken auf. Zudem kann ein zu weiter Kissenkanal dazu führen, dass der Sattel statt auf der Rückenmuskulatur auf den Rippen des Pferdes liegt, was auf Dauer sehr unangenehm für das Pferd sein kann.

Überprüfen Sie den Kissenabstand auch unter dem Reitergewicht.

Auch wenn der Kissenkanal weit genug erscheint, Druck von oben durch den Reiter kann die Kissen mittig zusammen drücken, so dass die Wirbelsäulenfreiheit nicht mehr gegeben ist.

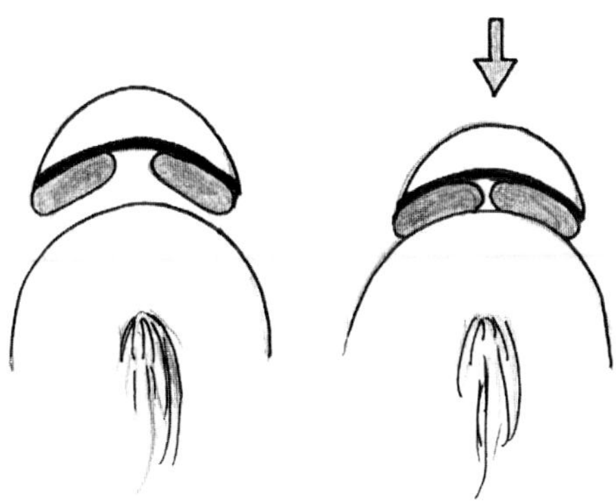

Wichtig ist außerdem, dass der Kissenkanal durchgehend ausreichend breit ist und sich nicht nach einer Seite hin verjüngt.

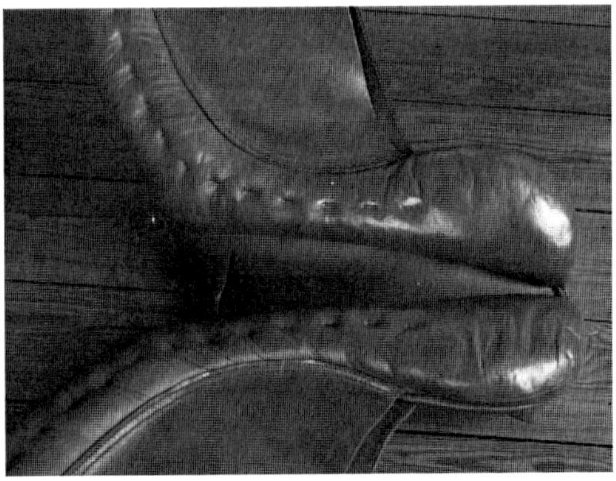

Selbstverständlich sollte auch nach oben hin genügend Platz sein, um die Aufwölbung des Rükkens zu ermöglichen.

Überprüfen kann man die Wirbelsäulenfreiheit, indem man durch den Kissenkanal durchschaut. Ist Ihr Pferd kein Pony, sollten Sie sich dafür auf einen Stuhl stellen.

Ist es nicht möglich, komplett durchzuschauen, was aus anatomischen Gegebenheiten sein kann, so kann man bei Tageslicht prüfen, ob man das Licht auf der anderen Seite des Kissenkanals erkennen kann. Mit einer Taschenlampe durchleuchten ist auch möglich oder das Durchschieben einer Gerte oder einem ähnlichen flexiblen Gegenstand, den man dann auch von rechts nach links hin und her schieben kann.

Eine weitere Methode ist das Einreiben des Widerristes und der Wirbelsäule mit Kreide oder Talkumpuder vor dem Reiten, so dass bei einer Berührung des Sattels dieser eingefärbt wird und entsprechende Stellen markiert werden.

**Der Widerrist**

Auch der Widerrist muss frei sein. Und zwar nicht nur nach den Seiten hin, sondern auch nach oben. Dass der Widerrist frei bleibt, ist ein wichtiger Faktor in der Sattelanpassung. Er ist sehr empfindlich, da hier Knochen direkt unter der Haut liegen und nicht durch viel polsternde Muskulatur ummantelt sind.

In der Regel geht man von drei Fingerbreiten aus, die zwischen Sattel und Widerrist passen sollten. Allerdings ist dies auch vom Satteltyp abhängig. Wichtig ist, dass der Widerrist nicht an den Sattel stößt und völlig frei ist. Ob das nun bei drei oder bei einem Finger der Fall ist, ist nebensächlich. Bei Pferden mit hohem Rist ist es meist weniger als drei Finger, bei einem Pferd ohne ausgeprägten Widerrist können es auch vier oder fünf Fingerbreiten sein.

Bei weniger als drei Finger Platz kann der Sattel dem Pferde zu weit sein und kommt daher vorne deutlich tiefer. Sind zwischen Widerrist und Sattel mehr als drei Finger Platz, so kann es sein, dass der Sattel vorne zu hoch liegt. Er ist dann zu eng, hat eine zu geringe Kammerweite und quetscht das Pferd ein.

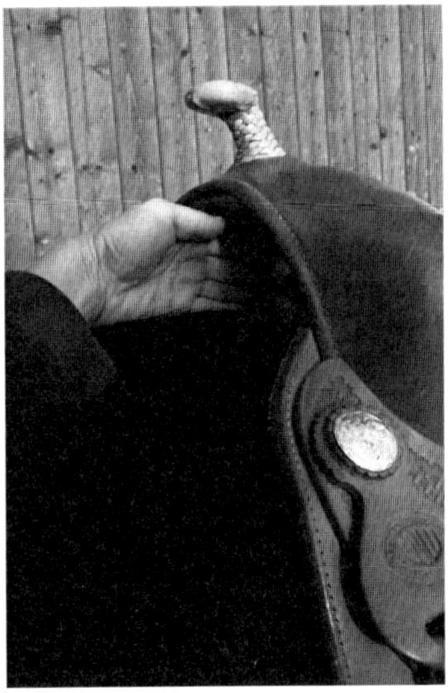 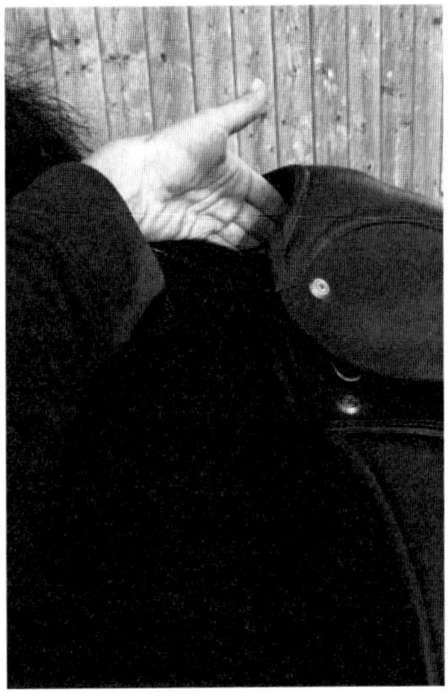

Der Test der Wirbelsäulenfreiheit muss selbstverständlich auch mit Reiter vorgenommen beziehungsweise nach dem Reiten mit gesetztem Sattel geprüft werden.

Die Höhe des Widerristes entscheidet über die Dicke der Sattelkissen oder bei baumlosen Sätteln über die Dicke der polsterbaren Decken.

Ein Pferd mit flachem Rist und tief in die Muskulatur eingelassener Wirbelsäule kann daher mit dünneren Kissen geritten werden als ein Pferd, welches über einen ausgeprägten Widerrist und eine herausstehende Wirbelsäule verfügt. Hier sollten die Kissen dicker sein.

Ein Sattel mit zu flachen/dünnen Kissen kann bei einer ausgeprägten Wirbelsäule/Widerrist zu Druckpunkten führen.

### Gleichmäßiges Aufliegen

Ein passender Sattel muss gleichmäßig in Balance mit seiner Auflagefläche auf dem Pferderücken liegen. Die Auflagefläche des Sattels sollte immer so groß wie möglich gewählt werden. Selbstverständlich darf diese Fläche nicht zu groß sein, da das Pferd sonst in seinen Bewegungen behindert wird. Auch zu klein darf sie nicht sein, da das Gewicht des Reiters sonst nicht optimal verteilt wird. Weiterhin muss die Auflagefläche ebenmäßig und symmetrisch sein (wenn es das Pferd auch ist).

Ein passender Sattel muss gleichmäßig in Balance auf dem Pferderücken liegen.

Der Sattel darf weder nach rechts und links kippeln, noch nach vorne oder hinten. Üben Sie zuerst vorne und dann hinten Druck auf den Sattel aus und schauen Sie, ob er wackelt.

Liegt der Sattel nur in der Mitte der Kissen auf, kann es sein, dass die kurvige Form des Sattels nicht zum geraden Rücken des Pferdes passt. Die Kissen müssen die Form des Rückens spiegeln. Baumlose Sättel passen sich der Form des Rückens an, Baumsättel sind zu steif um diese Bewegung mitzumachen, sie müssen also dem Pferderücken nachempfunden sein. Wackelt der Baumsattel, so liegt dies an schlechter Kissen- oder Baumpassform.

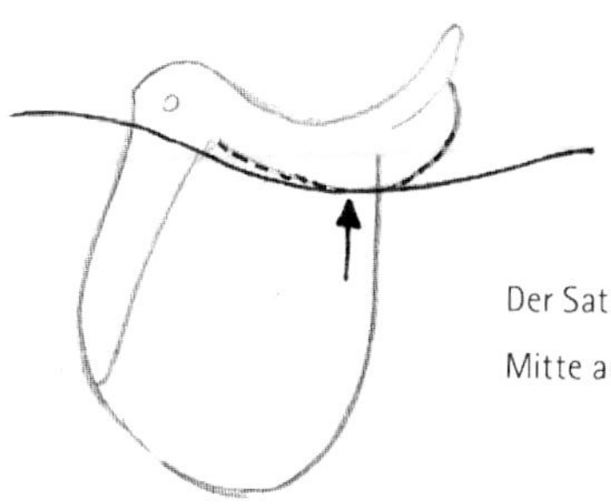

Der Sattel liegt nur in der Mitte auf

# *Der passende Sattel*

Auch wenn der Sattel scheinbar gleichmäßig aufliegt, kann es unter dem Sattel anders aussehen und dieser nur punktuell an vier Stellen aufliegen. Das kommt öfter vor und wird als Brückenbildung bezeichnet. Dies ist ebenfalls zu beobachten, wenn der Sattel einen anderen Schwung als der Pferderücken in seiner Form aufweist. Auch ein zu enger Sattel kann zu Brückenbildung führen, ebenso wie falsch gepolsterte Kissen mit zu wenig Füllung im mittleren Teil der Kissen.

Der Sattel liegt in der Mitte nicht auf - es bildet sich eine „Brücke"

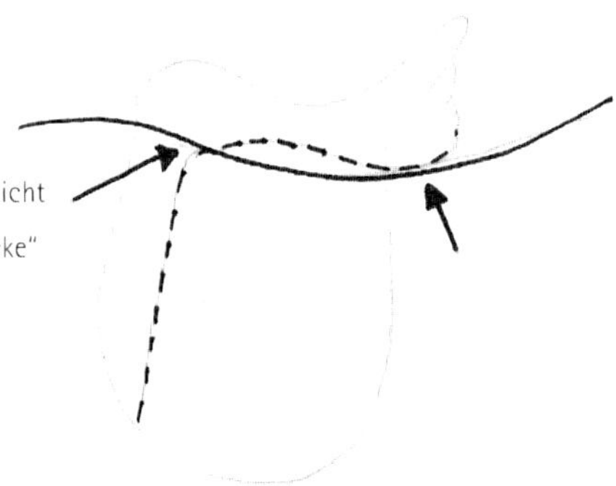

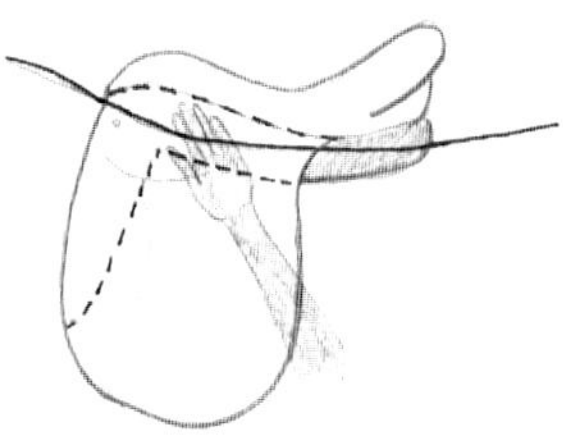

Überprüfen kann man dies, indem man mit der flachen Hand von vorne nach hinten unter den Kissen die Rückenmuskulatur entlang fährt.

Dafür sollte der Sattel ohne Decke auf dem Pferd liegen und nicht festgegurtet sein.

Es sollte überall gleichmäßiger Auflagedruck auf der Hand zu fühlen sein.

Wiederholen Sie diesen Vorgang mehrmals, um das richtige Gefühl dafür zu bekommen. Fühlen Sie irgendwo mehr Druck auf Ihrer Hand kann das der Hinweis darauf sein, dass sich hier Druckpunkte des Sattels zeigen. Fühlen Sie an einer bestimmten Stelle zwischen Kissen und Rücken weniger Kontakt, so kann es sich hierbei um Stellen handeln, an denen der Sattel nicht plan aufliegt und eine Brücke bildet.

Auch hier ist der Kreide/Talkum Test möglich. Geben Sie Kreidepulver oder Talkumpuder lose auf den Rücken des Pferdes und reiten Sie ein paar Minuten.

Nehmen Sie den Sattel danach vorsichtig vom Pferd und schauen Sie sich die Verteilung von Kreide/Talkum auf dem Rücken sowie den Sattelkissen an. Ist das Pulver gleichmäßig verteilt, haben die Kissen gleichmäßigen Kontakt zum Pferderücken. Stellen, an denen das Pulver vom Rücken des Pferdes verschwunden ist, haben zu viel Druck durch den Sattel. Stellen wiederum, die aussehen als wären sie durch den Sattel nicht berührt worden, stellen eine Brückenbildung des Sattels dar.

Eine weitere Möglichkeit ist mit Hilfe des Messgitters möglich. Hierbei wird der Abdruck des Pferdekörpers genommen und das Messgitter zur Überprüfung in den Sattel von innen hinein gelegt. Liegen nicht alle Stäbe gleichmäßig auf den Kissen des Sattels auf, ist eine Brückenbildung des Sattels vorhanden.

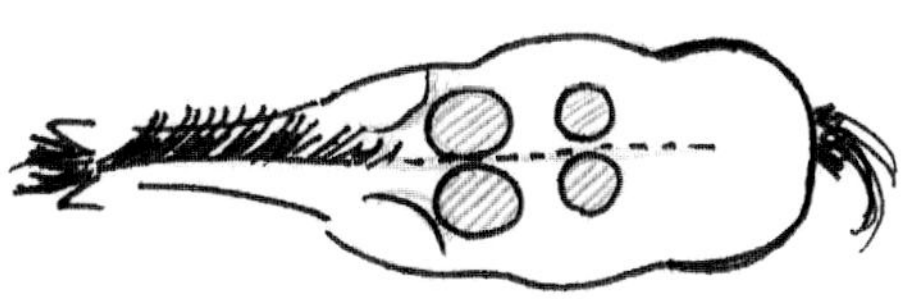

Brückenbildung:
Der Sattel liegt an vier Punkten auf

### Der Schwerpunkt

Der Schwerpunkt des Pferdes liegt unter dessen tiefstem Rückenpunkt. Dieser Punkt ist in der Regel direkt hinter dem Widerrist zu finden. Genau über diesem tiefsten Punkt des Pferderückens sollte auch der tiefste Punkt des Sattels liegen. Und damit nicht genug. Der tiefste Punkt des Sattels sollte auch noch genau in der Mitte des Sattels (zwischen Vorder- und Hinterzwiesel) liegen. Ist dies gewährleistet, sitzt der Reiter in Balance. Andernfalls gerät der Reiter schnell aus dem Gleichgewicht.

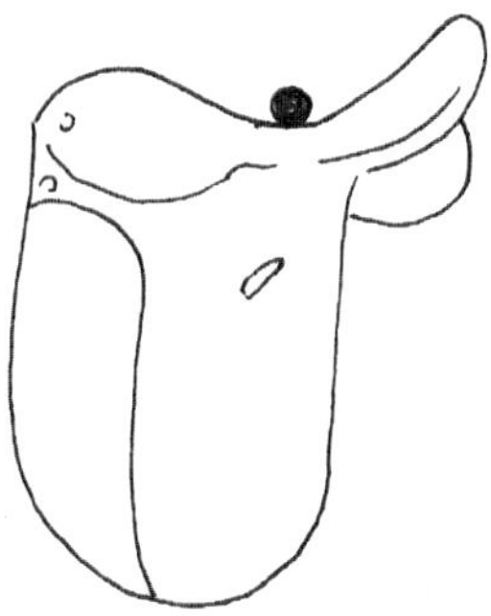

Der Schwerpunkt von Sattel und Pferd sollte sich weitgehend annähern.

### In der Bewegung

Platzieren Sie den Sattel wie gehabt ohne Gurt und Decke auf dem Pferd und lassen es im Schritt vorwärts gehen. (Hierfür sollte jemand zusätzlich neben dem Pferd hergehen, damit der Sattel nicht im Falle eines Falles beschädigt wird.) Gerät der Sattel dabei ins Rutschen oder neigt dazu, vom Pferd hinunter zu fallen, kann das darauf hin deuten, dass der Sattel nicht passt. Ein passender Sattel bleibt auch ohne festgezogenen Gurt in seiner natürlichen Position auf dem Pferderücken liegen, da er ausbalanciert sitzt.

### Der Sattel mit angezogenem Bauchgurt

Befestigen Sie jetzt zur Kontrolle der Gurtlage den Sattelgurt an Ihrem Sattel und gurten ihn an.

Ob es sich hierbei um einen Langgurt, einen Kurzgurt oder einen Westernsattelgurt handelt, spielt keine Rolle. Schauen Sie, ob die Sattelpassform sich dabei ändert. Wichtig ist, dass der Sattel in der Waage bleibt und sich durch das Gurten nicht verzieht. Verschiebt sich der Schwerpunkt des Sattels durch das Gurten nach vorne, so ist der Sattel meist zu weit.

Kontrollieren Sie die Sattelpassform auch mit angezogenem Bauchgurt.

Achten Sie darauf, ob der Gurt die richtige Länge besitzt. Kurzgurte können das Pferd unangenehm an den Ellbogen stören, wenn die Gurtschnallen direkt hinter diesen liegen. Die korrekte Lage der Kurzgurtverschnallung ist oberhalb des Ellbogengelenkes. Das bedeutet unter Umständen, dass Ihr Pferd im Sommer einer anderen Gurtlänge bedarf als im Winter.

**Die Gurtlage**

Um die Gurtlage zu beurteilen, muss man den Unterlinienverlauf des Pferdes beachten. Dafür müssen Sie sich ein Stück vom Pferd entfernen und es von der Seite anschauen.

Die Gurtlage beginnt idealerweise etwa eine knappe Handbreit hinter dem Ellbogenhöcker. Die Stelle ist dadurch erkennbar, dass hier die Unterlinie einen minimalen Bogen nach oben beschreibt beziehungsweise eine Art Delle sichtbar wird.

Der Bauchgurt sollte also idealerweise in der so genannten Gurtlage des Pferdes liegen.

Die Gurtlage passt oft nicht zur Sattellage des Pferdes.

Viele runde Pferde oder Pferde mit Hängebauch haben eine ungünstige Gurtlage. Aufgrund ihrer Anatomie rutscht der Sattelgurt zu weit nach vorne zum Ellbogen heran und behindert dort das Pferd. Es ist darauf zu achten, dass das Pferdebein genügend Bewegungsfreiheit hat und nicht durch den Bauchgurt eingeschränkt wird.

Passt der Gurtverlauf des Sattels nicht zur Gurtlage des Pferdes, so kann der Sattel nicht optimal liegen, er verrutscht dann nach vorne oder hinten, je nach Gurtverlauf.

Ist der Gurtverlauf für das Pferd korrekt, so befindet sich der Gurt nach dem Reiten noch an derselben Stelle, wie Sie es gesattelt haben.

Verrutscht der Gurt, so ist der Sattler gefragt. Kleinere Justierungen können Sie ausführen, indem Sie bei einem Sattel mit mehreren Gurtstrippen die Gurtverschnallung ändern oder andere Gurte (Material, Breite, Form) ausprobieren.

Bei baumlosen Sätteln mit Klettkissen ist es möglich, den Gurtverlauf durch entsprechende Klettung der Kissen zu optimieren und dem Pferd anzupassen.

## Unter dem Reiter

Nun steigen Sie als Reiter auf Ihr Pferd oder die Person, die das Pferd für gewöhnlich reitet. Verändert sich dabei der Sattel? Geben die Kissen nach und der Kissenkanal wird enger? Zu eng? Oder kommt der Sattel von oben der Wirbelsäule zu nah? Rutscht der Sattel nach vorne oder hinten? Kippelt er und man sieht ihn vorne oder hinten abheben in der Bewegung? Dreht der Sattel, das heißt bewegt er sich unter dem Reiter hinten hin und her?

Auch mit dem Reiter sollte der Sattel nochmals überprüft werden.

### Die Steigbügelaufhängung

Der Steigbügel ist nicht nur dafür da, um dem Reiter den „Aufstieg“ leichter zu machen, sondern, um ihn auf dem Pferd in Balance zu halten und den Rücken des Pferdes durch Einnehmen des leichten Sitzes/Leichttraben zu entlasten. Zwar ist das Gewicht, welches das Pferd trägt, dasselbe, dem Reiter ist es aber möglich, den Schwung seines Gewichtes durch die Bewegung des Pferdes in seinen Knien abzufangen und so den Pferderücken zu schonen.

Soll der Sattel dem Reiter passen, so ist der wichtigste Parameter neben der Sitzgröße, das Verhältnis von den Sitzbeinknochen des Reiters zur Steigbügelaufhängung des Sattels.

Die Steigbügelaufhängung muss zum Reiter passen, um einen korrekten Sitz zuzulassen.

Sitzen Sie im Sattel, so sollte Ihr Becken gerade gestellt sein und Ihr Hüfthöcker eine gerade Linie mit Ihrem Knöchel bilden. Die Steigbügelriemen sollten gerade am Sattel herunter hängen (das geht nur an einem ausbalanciert liegenden Sattel).

Jetzt nehmen Sie den Steigbügel auf. Die Lage des Steigbügelriemens sollte sich dadurch nicht ändern. So muss die Steigbügelaufhängung also denselben Abstand zum Sitzbeinhöcker des Reiters haben, wie sein Knöchel zum Ballen (also dem Punkt, an dem der Reiter in den Steigbügel tritt).

Ist die Steigbügelaufhängung Ihres Sattels an falscher Stelle angebracht und passt nicht zur Anatomie Ihres Körpers, so nehmen Sie automatisch einen falschen Sitz auf dem Pferd ein. Ist die Aufhängung zu weit vorne, so sitzen Sie im Stuhlsitz auf dem Pferd. Leichttraben wird da zum Kraftakt. Ist die Aufhängung zu weit hinten angebracht, fallen Sie immer wieder im Sattel nach vorne – ebenfalls sehr anstrengend.

Ist der Sattel dem Pferd zu eng und der Schwerpunkt des Sattels dadurch nach hinten verschoben, so hängen die Steigbügel nicht gerade hinunter, sondern nach hinten. Dadurch sitzt der Reiter nicht mehr in Balance. Hier würde dann die Aufhängung vielleicht mit dem Reiter harmonieren, die schlechte Lage des Sattels verhindert dies aber erfolgreich.

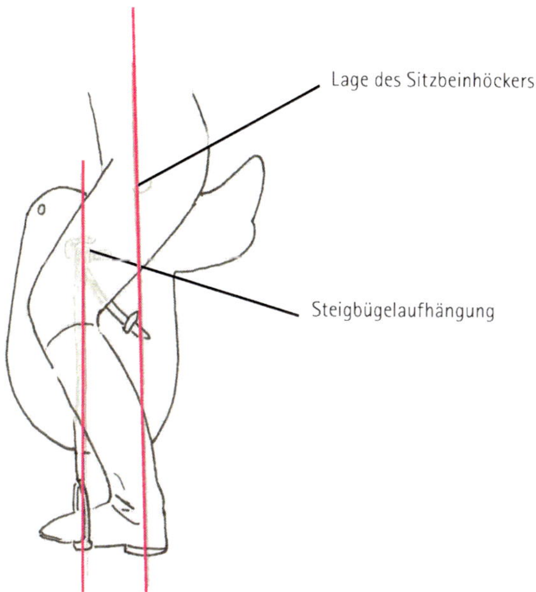


**Sattelpassform für den Reiter**

Stimmt die Aufhängung der Steigbügelriemen, so gibt es noch weitere Punkte in denen Ihr Sattel Ihrer Anatomie angepasst sein sollte. Das wäre zum einen die Größe des Sitzes, zum anderen die Länge des Sattelblattes.

### Die richtige Sitzgröße

Ist die Größe des Sitzes passend, so sitzt der Reiter in der Mitte (im Schwerpunkt) des Sattels mit genauso viel Platz nach vorne wie nach hinten zu den Enden des Sattels. Das ist auch bei Westernsätteln wichtig! Sitzen Sie im Schwerpunkt oder bereits am hinteren Ende Ihres Sattels? Haben Sie bitte keine Scham eventuell einen größeren Sattelsitz zu benötigen.

Hat der Reiter nach vorne und hinten Spielraum im Sattel, so ermöglicht ihm dies Bewegung. Er kann somit flexibel sein und korrekte Hilfen geben. Ist der Reiter zwischen Vorder- und Hinterzwiesel eingeklemmt, so ist er unbeweglich. Haben Sie also ausreichend Bewegungsfreiheit in Ihrem Sattel? Können Sie in allen Gangarten einen korrekten Sitz einnehmen, Leichttraben und im Entlastungssitz galoppieren?

Nicht nur dem Pferd muss der Sattel passen, auch die Sattelpassform für den Reiter spielt eine große Rolle.

Nehmen Sie auf dem Pferd automatisch die korrekte Position ein ohne dauernd Ihren Sitz aufs Neue korrigieren zu müssen?

Hat Ihr Sattel Pauschen, so sollten sich Ihre Knie genau in der Mitte dieser befinden. Ist Ihre Sitzgröße zu klein, so befindet sich auch Ihr Knie in der Regel in einer unkorrekten Position.

Ein zu großer Reiter wird auf einem zu kleinen Sattel Probleme mit seinem Sitz bekommen.

Ist der Sitz des Sattels zu groß (lang) für den Reiter, so rutscht dieser nach hinten und in den Stuhlsitz. Ist der Sattel für den Reiter zu breit, so kann das zu Schmerzen in der Hüfte des Reiters führen und so zu verspanntem, schlechten Reiten.

Ist der Reiter sehr groß und der Sitz des Sattels zu klein, so kann das ebenfalls zu einer schlechten Haltung auf dem Pferd führen. Deshalb die wichtige Frage: Fühlen Sie sich in Ihrem Sattel wohl, ist er für Sie bequem? Ein falsches Sitzgefühl muss zwar nicht unbedingt vom Sattel herrühren, sondern kann auch durch einen falschen Sitz bedingt sein, allerdings kommt weitaus häufiger eine falsche Sitzkonstruktion des Sattels dafür in Betracht. Die korrekte Sitzposition (Vertikale Linie von Schulter, Hüfte, Ferse) wird durch die Position des Beckens bestimmt. Für diese Position ist die Konstruktion des Sattelsitzes verantwortlich.

Vorne und hinten sollte ausreichend Platz für den Reiter sein

Der Reiter sollte im Schwerpunkt des Sattels sitzen

Ein ausbalancierter Sitz bedarf der richtigen Sitzposition im Sattel.

**Die richtige Sitzposition**

Setzt der Sattel den Reiter zu weit nach vorne, so fühlt sich der Reiter unstabil und kippt nach vorne. Er hat dann verstärkt das Gefühl, bergab zu reiten. Für das Pferd bedeutet dies eine größere Belastung der Vordergliedmaßen.

Setzt der Sattel den Reiter zu weit nach hinten, so gerät dieser schnell in den Stuhlsitz und fühlt sich als ob er bergauf reitet. Er kippt verstärkt nach hinten und kann sich schlecht richtig ausbalancieren. Für das Pferd bedeutet dies eine vermehrte Belastung der Lende und dadurch folgende Verspannungen.

Setzt der Sattel den Reiter in die Mitte, so kann er einen ausbalancierten Sitz einnehmen und behindert das Pferd nicht in seinen Bewegungen.

**Länge des Sattelblattes**

Die Länge des Sattelblattes ist ebenfalls wichtig. Reiter mit kurzen Beinen brauchen Sättel mit kurzen Sattelblättern, andernfalls sind sie nicht in der Lage, korrekte Hilfen zu geben. Reiter mit langen Beinen können mit ihren Stiefeln an zu kurzen Sattelblättern hängen bleiben oder ihre Beine durch Pauschen an der falschen Stelle in falsche Positionen gedrückt werden. Die Knie sollten in der Mitte der Pauschen liegen und das Bein des Reiters überall vom Sattelblatt hinterlegt sein, selbst wenn verwahrende Hilfen gegeben werden.

Länge und Form des Sattelblattes müssen zum Reiter passen.

Passt das Sattelblatt Ihres Sattels zu der Länge Ihrer Beine? Können Sie alle Hilfen geben ohne dass sich Ihr Bein hinter dem Sattelblatt befindet?

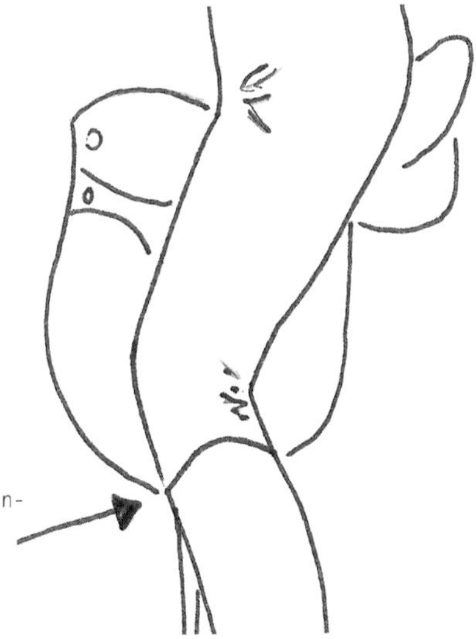

Der Stiefel bleibt am Sattelblatt hängen,. E ist zu kurz für den Reiter

**Die Sitztiefe und Ausformung**

Die Tiefe des Sattels ist übrigens Geschmackssache. Dressursättel werden mit immer tieferen Sitzen gebaut und verkommen so immer mehr zu Prothesen, die den Reiter in eine bestimmte Form (Sitzposition) pressen.

Die Sitzformung des Sattels hat Auswirkungen auf die Bewegungsfähigkeit des Reiters.

Natürlich muss der Sattel vorne eine gewisse Höhe haben, um dem Widerrist des Pferdes nicht zu nahe kommen. Dem Reiter darf er dadurch aber auch nicht schaden oder behindern.

Auch eine gewisse Taillierung des Sattels ist für die richtige und bequeme Lage des Oberschenkels wichtig, um einer Ermüdung des Reiterbeines vorzubeugen.

Ein Wort sei hier noch zur weiblichen Anatomie und der Sattelpassform fur den Reiter gesagt. Jahrelang wurden Sättel traditionell für Männer gefertigt. Auf die abweichende weibliche Anatomie wurde beim Sattelbau nicht eingegangen. Die Sitzbeinhöcker liegen beim Mann enger zusammen, so dass dieser in einem Sattel, welcher weit im Schritt und eng im Sitz ist, gut Platz nehmen kann. Frauen können je nach Formung Ihrer Hüfte gut bis katastrophal in diesen Sätteln sitzen. Für die meisten Frauen müsste der Sitz so konzipiert sein, dass er entgegen dem „männlichen" Sattel eng im Schritt und weit im Sitz ist (weiter auseinander stehende Sitzbeinhöcker der Frau).

Wundreiten und Schmerzen beim Reiten hängen mit der richtigen Sattelpassform zusammen und sind kein generelles Problem beim Reiten.

Auch das Wundreiten ist ein meist weibliches Problem beim Reiten und hängt sowohl mit der

Sattelpassform auf dem Pferd sowie mit der Sattelpassform für den Reiter zusammen. Nehmen Sie dieses Problem nicht einfach hin und vermiesen sich Ihr schönes Hobby. Ein korrekter Sattel bereitet Ihnen diese Probleme nicht. Machen Sie sich auf die Suche nach diesem passenden Sattel.

### Schweißbild

Am Pferd kann man nach dem Reiten das so genannte Schweißbild erkennen.

Schweißbilder auf Pferd und Satelunterlage können ein Hinweis auf einen unpassenden Sattel sein.

An Decken oder gar am Sattel selbst (wenn man ihn ohne Decke geritten ist) lässt sich ebenso Spurenlese betreiben. Wirklich aussagekräftig ist dies meist nicht. Erhöhter Druck kann zu dunklen Stellen auf der Decke führen. Bereiche, die auf der Decke schweißfrei sind, können Hinweis auf belastungsfreie Zonen sein, andrerseits aber auch auf vermehrten Druck hindeuten. Fakt ist aber, dass ein ungleichmäßiges Bild, sei es auf Pferd, Decke oder Sattel immer Anlass zu weiteren Untersuchungen geben sollte.

An Westernsätteln kann man durch Betrachten der Unterseite (meist Schafwolle) erkennen, wo ein erhöhter Druck meist zum Abrieb der Wolle geführt hat.

### Sattelunterlagen

Sattelunterlagen können übrigens den Sitz des Sattels immens verschlechtern. Gehen Sie deshalb nicht davon aus, dass ein Sattel, der ohne Unterlage perfekt liegt, diese Lage auch automatisch mit einem Pad oder einer Satteldecke einnimmt.

Überprüfen Sie also die Passform auch mit der Unterlage, bevor Sie den Sattel in Gebrauch nehmen.

Wichtig beim Reiten mit entsprechender Sattelunterlage ist das richtige Auskammern. Vergewissern Sie sich penibel, dass die Decke nicht über der Wirbelsäule spannt. Dies ist unangenehm für das Pferd und kann Druck erzeugen.

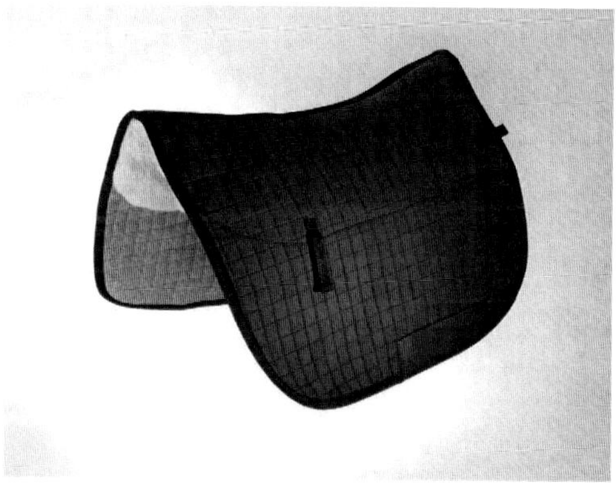

## Weitere Methoden der Sattelüberprüfung mit Hilfsmitteln

Viele erfinderische Geister haben sich die Mühe gemacht, immer bessere Methoden zu erdenken, den Sattel auf seine Passform hin zu überprüfen beziehungsweise einen passenden Sattel für das Pferd zu finden oder anfertigen zu lassen. Manche Methoden sind recht simpel, andere benötigen erstaunliche Technik, die immer noch weiter entwikkelt wird.

Die Passformkontrolle von Baumsätteln und baumlosen Sätteln geschieht mit Hilfe unterschiedlicher Methoden.

Einige der Methoden sind sinnvoll, um einen Baumsattel anzupassen oder zu kontrollieren, andere können wir auch dafür verwenden, einen baumlosen Sattel zu überprüfen. Besonders die Methoden, den Druck eines Sattels zu erkennen oder zu messen, kommen uns für die baumlosen Sättel zu Gute. Scheuen Sie sich nicht entsprechende Methoden bei Ihrem Sattel anzuwenden und ihn zu überprüfen. Sollten Sie Unregelmäßigkeiten feststellen, so ziehen Sie einen Fachmann zu Rate. Oftmals genügen kleine Änderungen (zum Beispiel an der Sattelunterlage) um die Passform des baumlosen Sattels zu optimieren.

### Kurvenlineal

Das Kurvenlineal ist wohl der Liebling des Sattlers. Es ist ein biegbares Lineal beziehungsweise ein Draht. Es wird über den Rücken des Pferdes gebogen, um die Form des Rückens abzunehmen. Diese Form wird dann von dem Lineal auf ein Stück Papier übertragen.

Bei einigen baumlosen Modellen, bei denen die Kopfeisen ausgetauscht werden können, können wir es nutzen, um das Maß hinter der Schulter zu nehmen. Hierfür sollte das Kurvenlineal etwa drei bis vier Zentimeter hinter dem Schulterblatt aufgelegt werden.

### Messgitter

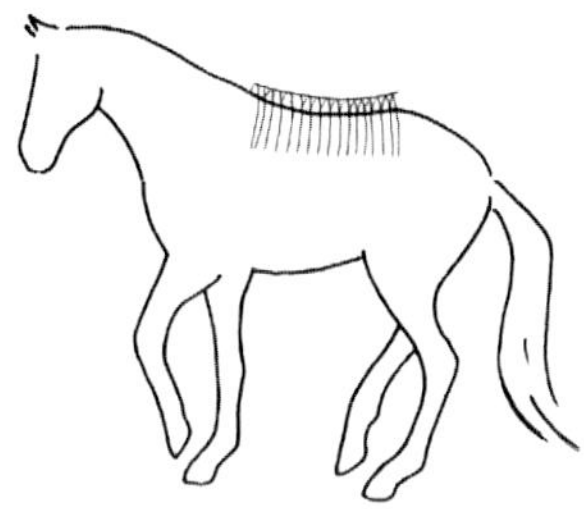

Das Messgitter, ein Drahtgerüst aus mehreren formbaren Drähten, welches auf dem Pferderücken aufgelegt wird und so den Körper abformt, benötigen wir für die baumlosen Modelle nicht. Leider sagt dieses Hilfsmittel uns aber nur etwas über die ungefähre Rückenform des Pferdes im Stand etwas aus. Es kann dazu genutzt werden, den Baumsattel auf seine Passform zu kontrollieren, wie wir auf Seite 85 beschrieben haben.

### Sattelchecker

Als Sattelchecker wird ein Gerät bezeichnet, bei dem viele Stäbe in eine Platte eingearbeitet sind. Auf den Rücken aufgelegt, gleichen sich die Stäbe der Rückenform des Pferdes an und es entsteht ein Abdruck der Sattellage. Durch Feststellen kann das System vom Pferd genommen und in einen Sattel zur Passformüberprüfung eingelegt werden. Auch wieder ein Hilfsmittel für starre Sattelbäume und eine unzureichende Beurteilung im Stand.

### ArcDevice

Wie ein Gerippe aus vielen Winkelmessern wird es auf den Pferderücken gelegt und nimmt hier dreidimensional Maß. Dies ergibt Zahlenwerte über Breite und Länge sowie Rundungen und

Formen der Sattellage. Ein Vergleich über Monate und Jahre ist so sehr gut möglich, da die Werte sich genau erfassen lassen.

Leider ermöglicht das ArcDevice aber auch nur die Abnahme der Werte im Stand. Diese Werte können dann mit dem Sattel verglichen werden. Für die baumlosen Modelle wäre es allerdings eine Idee die Aufmuskelung unter einem nicht mehr störenden Sattel zu dokumentieren oder aber den Verlauf der Veränderungen übers Jahr oder ein ganzes Pferdeleben hinweg festzuhalten.

Veränderungen des Rückens in einem Pferdeleben lassen sich mit Hilfsmitteln beobachten und auswerten.

### Abformung des Rückens

Die Abformung des Rückens ist mit Gips oder mit erhitzbaren Matten, die dann auf dem Pferd erkalten, möglich. Für den baumlosen Sattel ist diese Methode unnötig, da es wieder nur einen statischen Eindruck von der Form des Pferdekörpers wiedergibt. Zudem ist es sehr schwer, ein Pferd so lange still stehen zu lassen, bis der Abdruck genommen wurde.

### Computerdruckmessungen

Satteldruckmessungen mittels Computertechnologie sind eine der neuesten Arten der Sattelpassformkontrolle. Während vor einigen Jahren Reiter und Pferde noch über eine Art Longe mit dem Computer verbunden waren und diese Kabel die gemessenen Werte auf den Computer übertrugen, so finden diese Messungen heute kabellos per Funkübertragung statt.

Zur Messung wird eine Matte auf das Pferd gelegt und dann wie gewohnt gesattelt. Diese Matte ist mit einer großen Anzahl Sensoren versehen, die auf den Druck durch Sattel und Reiter sensibel reagieren.

Das schöne an diesem System ist, dass es sowohl im Stand als auch in der Bewegung Druckwerte liefert. Besonders effektiv ist es, wenn gleichzeitig mit den Messungen der Matte, auch der Reiter gefilmt wird. So kann mittels Grafik aus den Messwerten auf dem Bildschirm sichtbar gemacht werden, in welcher Bewegungsphase welcher Druck auf dem Pferderücken ankommt. Dies alles wird aufgezeichnet, so dass man auch erkennen kann, ob eventuell Reiterfehler zu Druckspitzen auf dem Pferderücken führen.

In der Abbildung sehen Sie eine Grafik aus der Computerdruckmessung eines baumlosen Sattels. Sie zeigt, dass der Sattel wunderbar passt und keine Druckspitzen dem Pferderücken schaden.

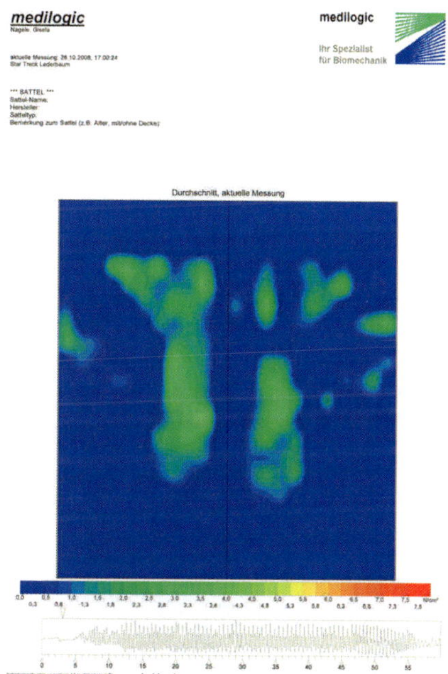


www.sattelmobil.de

Druckpads und Computerdruckmessungen sind die benötigten Hilfsmittel, um den baumlosen Sattel in seiner Passform zu kontrollieren und eventuell zu optimieren.

### Druckpads

Druckpads sind vor allem als Impressionpad bekannt. Sie werden vor dem Reiten direkt auf den Pferderücken unter den Sattel gelegt. Das Material in den Pads gibt an den Stellen nach, die stärkerem Druck ausgesetzt sind, so dass man nach dem Reiten einen Abdruck auf dem Pad erkennen kann. Liegt der Sattel gut auf dem Pferd, so ist der Abdruck gleichmäßig. Ist der Sattel beispielsweise vorne zu eng, so kann man nach dem Reiten im vorderen Bereich des Pads tiefe Eindrücke rechts und links des Widerristes erkennen. Ebenso verhält es sich mit Druck im hinteren Bereich des Sattels. Auch Brückenbildung oder starken Druck in der Mitte des Sattels kann man nach dem Reiten sehen. Druckpads sind eine gute Möglichkeit, den Sattel in der Bewegung zu bewerten. Sie können so ein Druckpad nach folgendem Rezept leicht selbst herstellen.

### Das „Carola Pad"

Carola Schladebach ist ein erfindungsreicher Geist und hat es uns möglich gemacht, ein Pad für den Hausgebrauch herzustellen, mit dem die Druckverteilung beziehungsweise Passform des Sattels zu Hause schnell überprüft werden kann. Als Anregung hat sie so genannte Impressionpads genommen.

Hier die Anleitung:

Benötigt werden:
- 1 Kg Mehl
- 600 g Salz

• 100 Alaun (gibt es in jeder Apotheke)
• 6 Esslöffel Speiseöl
• 1 Liter kochendes Wasser (eventuell gemischt mit Eierfarbe für ein buntes Pad)
• 2 Beutel aus stabiler, durchsichtiger Plastikfolie, jeweils mindestens 55 cm lang
• Klebeband (Paketklebeband oder Ähnliches)

Stellen Sie nun aus Mehl, Salz, Alaun, Öl und kochendem Wasser eine Art Knetmasse her (Küchenmaschine verwenden).

Das „Carola Pad" ist eine kostengünstige Methode, einen Sattel in seiner Passform zu überprüfen.

Teilen Sie die Masse in zwei Teile. Aus jedem dieser Teile formen Sie nun eine längliche Rolle.

Kleben Sie gegebenenfalls die Beutel ab, so dass Sie maximal 20 Zentimeter Breite erlangen. Länge und Breite sollten nicht sehr viel größer sein als die Auflagefläche des Sattels. Es darf überstehen, aber nicht so, dass die Masse in die überstehenden Teile abwandern kann.

Nun füllen Sie die Teigrolle in den Beutel.
Kleben Sie den Beutel an der offenen Seite zu und wälzen Sie den Teig mit dem Nudelholz aus, bis er den Beutel ausfüllt und gleichmäßig verteilt ist.

Wiederholen Sie das Ganze mit dem zweiten Beutel, legen Sie das Endprodukt dann mit etwas Abstand neben den ersten Beutel und kleben Sie die beiden Beutel mit Klebeband oder selbst klebenden Klettbändern von beiden Seiten zusammen.

Je nach stattgefundenem Druck auf das Pad sieht man die Eindrükke in der Knetmasse.

Legen Sie das Pad unter den Sattel direkt auf den Pferderücken und reiten Sie circa 30 Minuten in allen Gangarten.

Satteln Sie ab und halten Sie das „Carola Pad" gegen das Licht. Die Stellen, an denen der Druck sehr groß ist, erscheinen durchsichtig, der Teig hat sich hier weg geschoben.

Das „Carola Pad" ist mehrfach nutzbar. Vor der erneuten Nutzung den Teig mit dem Nudelholz wieder gleichmäßig verteilen. Je wärmer er ist, umso besser lässt sich der Teig verformen.

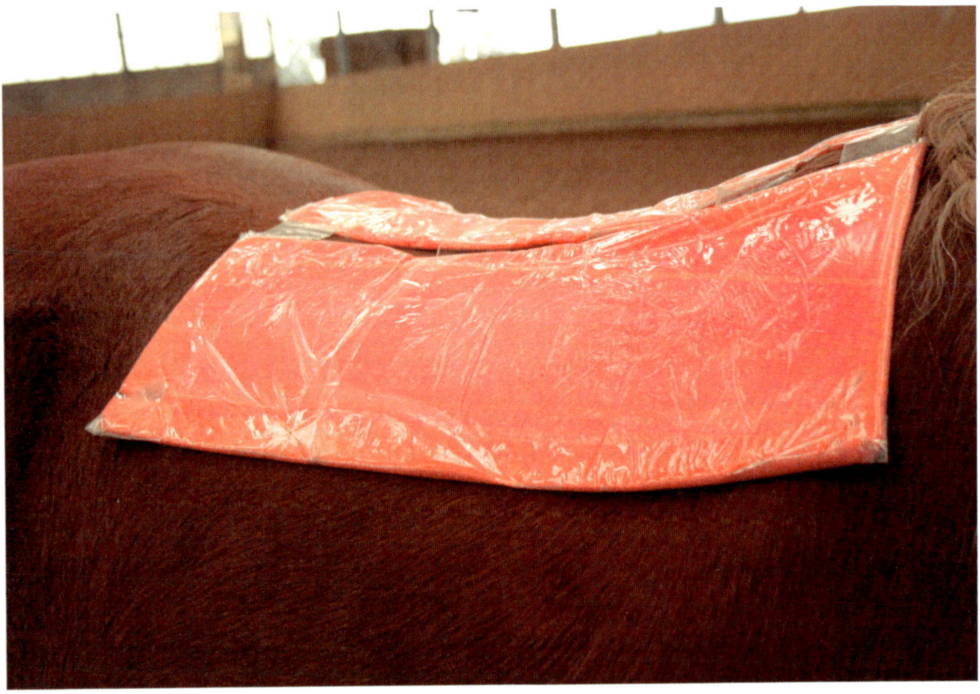

# Der Sattel:
Von der Historie bis zum Kauf

## Wie ist ein Baumsattel aufgebaut?

Das Innenleben eines Baumsattels ist der Sattelbaum. Er ist sozusagen das starre Grundgerüst im Inneren des Sattels. Um den Sattelbaum herum werden mehrere Schichten Leder angebracht, die dann den Sitz ausformen, die Sattelblätter und Kissen bilden und die äußere Form des Sattels bestimmen.

Sattelbäume wurden früher grundsätzlich aus Holz hergestellt. Heute werden auch diverse Kunststoffe und Metalle oder auch Karbon in der Sattelproduktion genutzt. Wobei (verleimtes) Holz auch heutzutage noch sehr gebräuchlich ist.

Der heute herkömmliche Sattelbaum ist meist ein Federsattelbaum. Seltener werden die starren Sattelbäume verarbeitet, die noch etwas schwerer und steifer sind.

Der Federbaum weist in seiner Konstruktion eine schmalere Taille auf. Seinen Namen hat er von den eingebauten Stahlfedern. Eine weitere Möglichkeit der Sattelbaumgestaltung ist der Trachtensattelbaum. Der Sattelbaum ist hier im hinteren Bereich der Trachten länger gezogen.

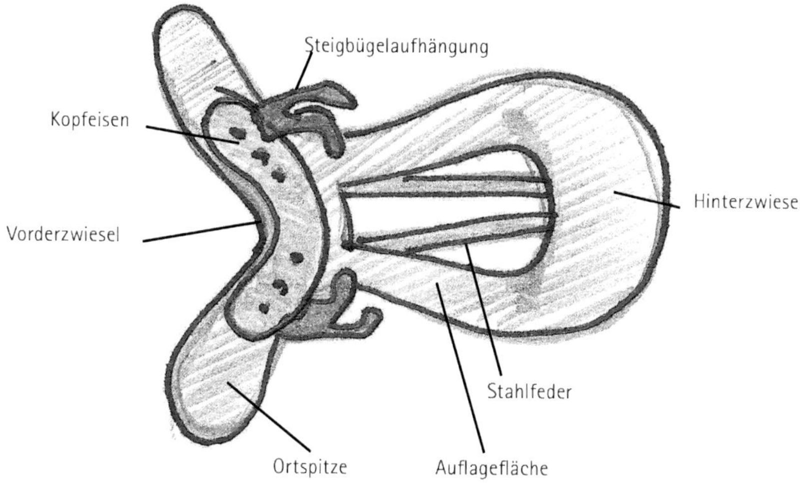


Westernsattelbäume sind etwas anders aufgebaut und sehen so aus:

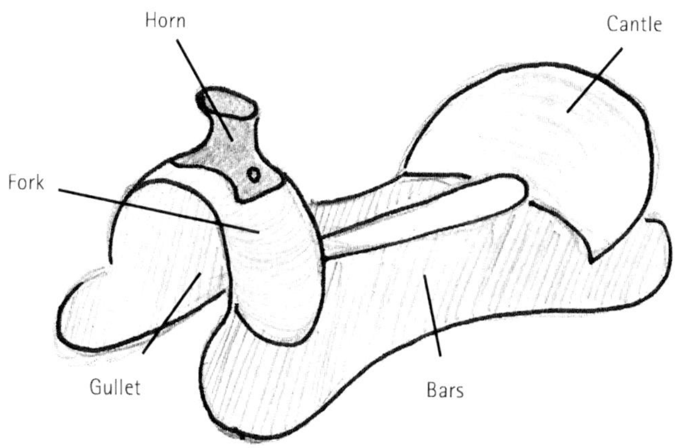

## *Der Baumsattel*

Auch der Westernsattelbaum wird aus mehreren Teilen Holz gefertigt. Meist wird er, um die nötige Stabilität zu erreichen, mit Rohhaut umnäht.

Der Sattelbaum gibt im Inneren die äußere Form des Sattels vor und entscheidet nicht nur über die Passform für das Pferd, sondern auch für den Reiter.

Der Sattelbaum beeinflusst die Form des Sattels in nicht unerheblichem Maße. Besondere Wichtigkeit kommt dabei der Winkelung des Kopfeisens beziehungsweise des Vorderzwiesels (oder auch der Form der Fork des Westernsattels) zu Gute. Wie weit die beiden Ortenden des Vorderzwiesels auseinander stehen, bestimmt über die Kammerweite des Sattels und entscheidet damit über die Passform für das Pferd.

Heute gibt es aber auch Sättel mit austauschbaren oder verstellbaren Kopfeisen (auch im Bereich der baumlosen Sättel).

Am Sattelbaum entscheiden sich auch die Größe der Sitzfläche und der Sitz der Steigbügelaufhängung, was auch das Gefühl des Reiters auf dem Sattel beeinflusst.

Auch die Form und Höhe der Zwiesel gibt der Sattelbaum vor und damit außerdem, ob der Sattel später einen flachen oder einen tiefen Sitz aufweist.

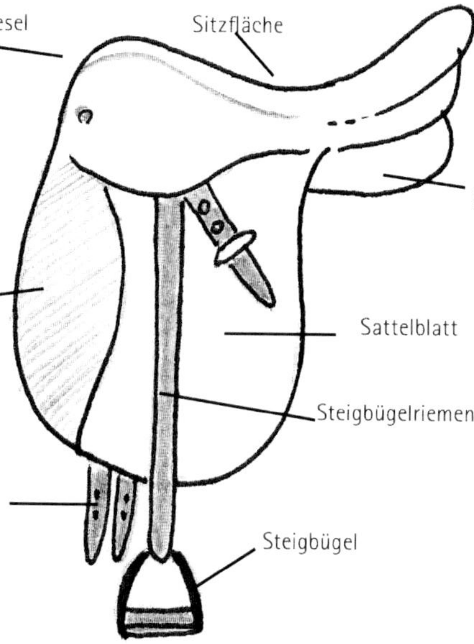


**Der Englischsattel**

Im traditionellen (englischen) Sattelbau wird der Sattelbaum im Sitzbereich mit Gewebe bespannt, abgepolstert und mit Leder ummantelt und so im Idealfall ein Sitz geformt, dessen tiefster Punkt in der Mitte des Sattels liegt.

Die Kissen, also die Auflagefläche des Sattels, befinden sich unter dem Sattelbaum. Sie sollten eine weiche Lage zwischen Baum und Pferdekörper bilden und das Reitergewicht verteilen. Dazu müssen sie symmetrisch gebaut sein. (Ein paar Worte zur Druckverteilung der Auflagefläche ist unter der Überschrift Westernsattel zu lesen.) Die Kissen werden mit diversen Materialien gefüllt.

Früher war das Wolle, heute werden auch Hightech-Materialien (Schaumstoffe, Synthetikmaterialien) genutzt oder zum Beispiel aufpumpbare Teile im Inneren der Kissen untergebracht. Neben den unterschiedlichen Füllungen sind auch die unterschiedlichsten Formen, Größen und Härtegrade der Kissen möglich. Gestopfte Kissen können sich mit der Zeit setzen und der Sattel muss aufgepolstert werden. Wichtig ist, dass die Kissen des englischen Sattels nicht zu schmal sind und der Sattel eine ordentliche Auflagefläche hat. Sonst kann das gerade bei schwereren Reitern schnell zu Problemen beim Pferd führen.

Der Kissenkanal ist der Zwischenraum zwischen den beiden Auflageflächen und für die Erhaltung der Wirbelsäulenfreiheit wichtig.

Die Form des Sattels bestimmt seine Funktion.

Die Gurtung des Sattels verläuft entweder über oder unter dem Sattelbaum aber immer über den Kissen des Sattels.

Weiterer wichtiger Teil des Sattels sind die Sattelblätter. Ihre Form wird durch die Nutzung des Sattels bestimmt und variiert von weit vorgeschnitten bei Springsätteln bis zu weit zurückgeschnitten bei Dressursätteln und Islandsätteln.

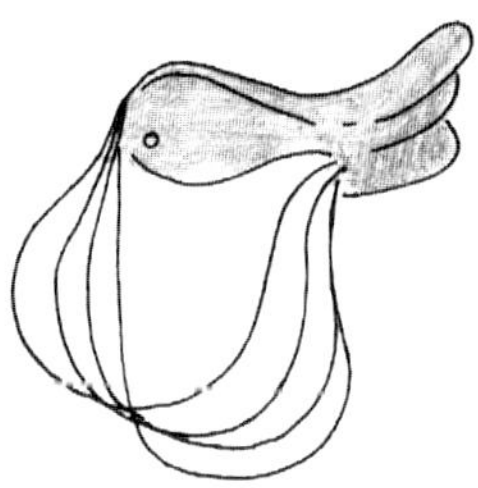

Beim Westernsattel „ersetzt" der Fender das Sattelblatt und trennt so die Innenseite des Beins vom Pferderumpf. Die Form der Fender ist Geschmacksache und hat keinen Einfluss auf deren Funktion.

Unter oder auf dem Sattelblatt können Pauschen angebracht sein. Sie sollen das Bein des Reiters führen und müssen entsprechend zum Reiter passen. Sind diese an der falschen Stelle angebracht, können Sie den Reiter in eine ungünstige Form pressen und schlecht hinsetzen.

**Der Islandsattel**

Der Islandsattel ist eine weiter entwickelte Form des englischen Sattels und oftmals mit langen Trachten ausgestattet. Seine Nutzung viel zu weit hinten auf dem Rücken des Pferdes, um mehr Schulterfreiheit zu erreichen, kann zu großen Problemen beim Pferd führen. Da Isländer sowieso meist über sehr kurze und nach hinten ansteigende Rücken verfügen, ist ein weit nach hinten reichender Sattel sehr schmerzhaft. Ein Pferd ist im Lendenwirbelbereich nicht tragfähig genug, um dort das Reitergewicht aufnehmen zu können.

**Der Westernsattel**

Beim Westernsattel gibt die Form Information über die Nutzung des Sattels. Als der Sattel noch als „Arbeitsgerät“ diente war er ganz anders „designt“ als heute, wo vorrangig optische Gesichtspunkte eine Rolle spielen.

Der Westernsattel ist wie die meisten Sättel als Arbeitssattel entwickelt worden.

Der Sattelbaum in der obigen Abbildung zeigt das Innenleben, das die äußere Form des Sattels noch stärker als der englische Sattelbaum prägt.

# *Der Baumsattel*

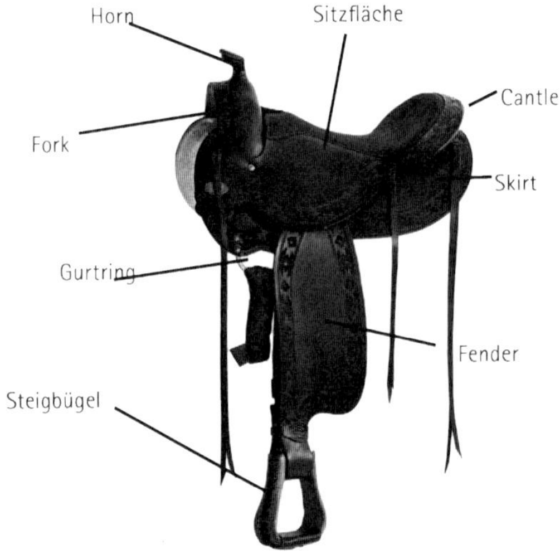


Je nach Verwendungszweck sind die Sättel unterschiedlich in ihrer Form und Verarbeitung.

Die Auflageflächen des Westernsattels werden als Bars bezeichnet. Auch beim Westernsattel sollten sie der Form des Pferderückens entsprechen. Sie sind deswegen in Ihrer Form gewölbt und gedreht, so dass sie die Rückenform im Idealfall spiegeln. Da die Bars nicht wie die Kissen des englischen Sattels gepolstert sind, müssen Sie hier grundsätzlich mit dickeren, gepolsterten Unterlagen (Sattelpad) reiten.

Dicke Sattelunterlagen ersetzen beim Westernsattel die Polsterung der Kissen.

Westernsättel haben meist größere Auflageflächen. Sie sollten zwar möglichst lang und breit zur Druckverteilung sein, das Pferd aber auch nicht in seinen Bewegungen stören. Größere Auflagefläche = größere Druckverteilung funktioniert aber nur bei wirklich perfekter Passform. Ein Baumsattel ist also oftmals ein Kompromiss, wenn man kein ganz ideal gebautes Pferd hat.

Im hinteren Bereich der Skirts können Westernsättel rund oder eckig geschnitten sein. Rund geschnittene Sättel passen besser auf Pferde mit kürzeren Rücken. Eckige Skirts kollidieren, sind sie zu lang, oftmals mit der Hüfte des Pferdes.

Die Gurtung des früheren Westernsattels kam ohne Metall aus. Der Sattelgurt wurde lediglich mit einem Krawattenknoten befestigt. Heute sind diverse Gurtungsmethoden und -Arten möglich.

Die Steigbügel des Westernsattels sind schwer und lassen sich in ihrer Position unter dem Reiter während des Rittes nur schwer verändern. Das ermöglicht aber einen sichereren, stabileren und ermüdungsfreieren Sitz des Reiters (vorausgesetzt die Fender sind ausgedreht).

Leider sind auch heute noch viele Westernsättel viel zu schwer für das Pferd gebaut. Baumlose Sättel als Westernmodelle sind in der Regel mehrere Kilogramm leichter.

Ihre massive Bauweise schlägt sich nicht unerheblich im Gewicht des Sattels nieder.

Ein weiterer Nachteil älterer Westernsättel kann sein, dass Sie den Reiter zu weit hinter den Schwerpunkt des Pferdes setzen; das ist aber vom Model abhängig.

Ein Westernsattel, der dem Pferd optimal angepasst ist, ist bequem für das Pferd. Es kann allerdings schnell passieren, dass unter dem dicken Sattelpad Passformprobleme versteckt bleiben.

Deswegen sollte der Westernsattel ebenso wie alle anderen Sättel regelmäßig überprüft werden.

### Der spanische Sattel

Der spanische Sattel wird heute oft auf Shows verwendet.

Wie der Westernsattel verfügt auch der spanische Sattel über eine große Auflagefläche. Auch diese Sättel waren und sind immer noch Arbeitssättel der Rinderhirten. Heute werden sie oft zu Showzwecken genutzt. Traditionell werden diese Sättel mit breiten Strohkissen gefertigt, die eine Anpassung an den Pferderücken ermöglichen sollen. Stroh ist aber im modernen Sattelbau kein geeignetes Polstermaterial und viel zu hart.

Vorne und hinten wird die Sitzfläche durch zwei Galerien begrenzt, die ähnlich wie das Horn des Westernsattels ausgeprägt sind. Sie können den Reiter im Extremfall einengen oder ihm im positiven Sinne einen sicheren Sitz bieten.

## In welcher Verfassung ist mein (alter) Sattel?

Um einen Sattel unabhängig von seiner Passform auf das Pferd zu beurteilen, sollte man ihn einer optischen und haptischen Untersuchung unterziehen.

### Material

Beurteilen Sie das Material Ihres Sattels und dessen Verarbeitung. Ist das Leder gleichmäßig gefärbt? Ist es vielleicht spröde? Wirft es irgendwo Falten? Wie sind die Nähte verarbeitet? Gibt es offene Nähte? Berühren irgendwo Nähte oder scharfe Kanten das Pferd? Sind irgendwo Kratzer, Dellen, Risse, Schnitte? Sieht der Sattel von beiden Seiten gleich aus?

Sättel sollten grundsätzlich aus gutem Material sowie hochwertig verarbeitet sein.

### Der Baum

Nicht nur bei gebrauchten Sätteln sollte der Baum kontrolliert werden. Auch bei neuen Sätteln macht dieser Test Sinn. Ein gebrochener Sattelbaum ist schlecht fürs Pferd. Einen gebrochenen Baum erkennen Sie am starken Nachgeben des Sattels.

Der Sattel sinkt zusammen beim Aufsitzen oder lässt sich zusammendrücken, wenn man auf Vorder- und Hinterzwiesel Druck ausübt. Reiten Sie auf keinen Fall mit einem gebrochenen Sattelbaum, es könnte Ihrem Pferd großen Schaden zufügen.

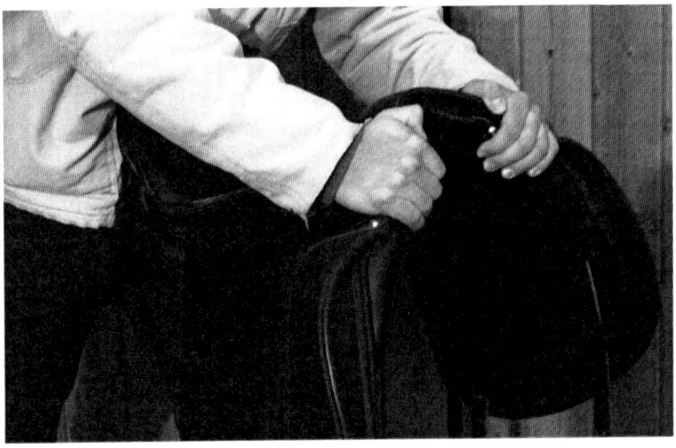

Der symmetrische Aufbau des Sattels ist wichtig und sollte nicht nur bei alten Sätteln überprüft werden.

## Symmetrie

Der Symmetrie des Sattels sollte ein besonderes Augenmerk beigemessen werden. Kontrollieren Sie die Symmetrie von vorne und von hinten und vergleichen Sie beide Seiten miteinander. Schauen Sie von oben auf den Sattel und betrachten ihn ebenso genau von der Unterseite. Sättel, die lange Zeit in Gebrauch waren, können sich verzogen haben. Neue Sättel können asymmetrisch zusammen gebaut worden sein. Das kann besonders bei günstigen Modellen der Fall sein.

## Die Kissen

Beurteilen Sie den Zustand der Kissen. Ist die Füllung gleichmäßig? Sind die Kissen hart oder weich? Fühlen Sie Knoten in den Kissen? Ist vielleicht zu wenig Füllung in den Kissen oder sind diese zu prall gefüllt?

### Die Gurtung

Betrachten Sie auch die symmetrische Anbringung der Gurtung, andernfalls kann sich der Sattel mit festgezogenem Gurt auf dem Pferd verdrehen. Weiterhin sollten Sie die Gurtstrippen genauestens nach Rissen, offenen Nähten oder dünneren Stellen untersuchen. Ziehen Sie feste an Ihnen, um ihre Stabilität und Haltbarkeit zu überprüfen.

### Die Steigbügel

Steigbügelriemen sind oftmals durch das Aufsteigen von einer Seite auf dieser besonders belastet. Sie sollten regelmäßig kontrolliert werden. Haben Sie Risse oder gibt das Leder an einigen Stellen nach? Ist das Leder spröde oder an einigen Stellen zu weich?

Ist die Steigbügelaufhängung symmetrisch? Hat der Sattel eine Sturzfeder und wenn ja ist diese funktionstüchtig? In die Sturzfeder wird der Bügelriemen eingehängt. Die Sturzfeder sollte sich bei einem Sturz öffnen. Ist sie eingerostet so kann sie diese Funktion nicht mehr ausführen. Eine geöffnete Sturzfeder ist sicherer beim Reiten als eine geschlossene, die sich bei einem Sturz nicht öffnet. Inzwischen sind einige Sattelhersteller dazu übergegangen permanent offene Sturzfedern einzubauen.

Sturzfedern können nützlich für die Sicherheit sein.

Die LPO schreibt übrigens die Teilnahme an Turnieren mit Sätteln vor, welche mit Sturzfedern ausgestattet sind.

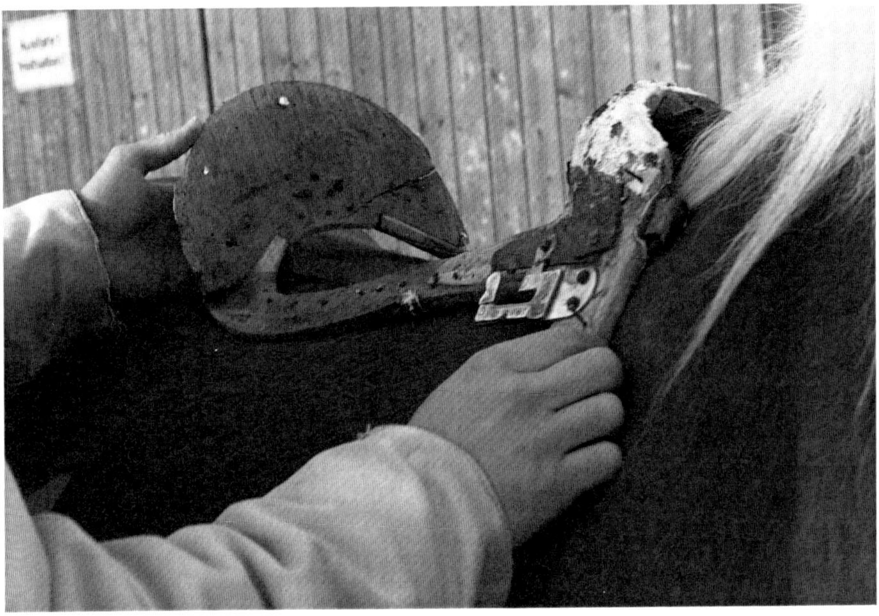

## Warum gerade baumlos?

Es ist oft so, dass die Autoren eines Buches mit erhobenem Finger belehren und die Leser mit einer vehementen Ausschließlichkeit von ihrer Sache überzeugen wollen. Wir tun dies keinesfalls. Im Laufe von vielen Jahren, die wir mit der Behandlung von Pferden und der Überprüfung und dem Verkauf von Sätteln zugebracht haben, sahen wir vieles. Es waren viele wunderbar passende Sättel der unterschiedlichsten Stilrichtungen dabei, mit denen sowohl die zwei- als auch die vierbeinigen Besitzer sehr gut zurechtkamen. Diese Sättel hatten Sattelbäume aus Holz, Kunststoff und anderen Materialien. Manchmal waren diese Sättel Maßanfertigungen, oft ein Kauf „von der Stange“. Es waren sogar Sättel dabei, die in Internetportalen ersteigert wurden und wie durch ein Wunder gut passten.

Aber wir haben auch das Gegenteil gesehen. Offene Hautverletzungen, atrophierte Trapezius-Muskeln, Lahmheiten ganz unterschiedlicher Art und organische Krankheiten, die auf unpassende Sättel zurückzuführen waren. Ahnungslose Reiter ließen sich von Sattelhändlern unpassende Produkte „andrehen“ und noch ahnungslosere Reiter kauften auf Messen Sattelschnäppchen, die dort besonders günstig waren.

Dass diese vermeintlichen Schnäppchen von der Messe oder aus dem Internet selten passen, sollte Ihnen an dieser Stelle durch das bis jetzt Gelesene bewusst sein. Würden Sie etwa Schuhe kaufen ohne diese zu probieren, nur in der Hoffnung dass sie passen?

Ein Schuh kann probiert werden, man merkt gleich ob er sitzt oder drückt. Die Probleme durch unpassende Sättel treten hingegen meist nicht innerhalb des ersten Tages auf, von extremen Ausnahmen einmal abgesehen.

Nicht alles was nicht passt, kann passend gemacht werden.

Es wäre allerdings unfair, immer den Reitsporthändlern zu unterstellen, dass diese unter allen Umständen verkaufen wollten. Ebenso haben wir in der Summe mehr gute Sattler erlebt als schlechte, aber wenn der Sattel an sich nicht auf das Pferd passt, kann auch ein Sattler meist wenig ausrichten.

Wir haben in all den Jahren nur wenige wirkliche „schwarze Schafe" kennen gelernt, denen der Verkauf vor das Wohl der Pferde ging. Die meisten Verkäufer sind kompetent und bestrebt, sich ihren guten Ruf zu erhalten. So gibt es gerade in Deutschland hervorragende Sattlereien, die wundervolle Sättel produzieren, mit guten Sattelbäumen und individuellen Lösungen für Pferd und Reiter.

Dennoch lösen auch diese Top-Produkte nicht das nächste Problem. All diejenigen, die sich gewerblich mit Sätteln befassen, kennen es. Es ist unsere deutsche Rechtsprechung. Ein Sattel muss nicht nur beim Verkauf passen, sondern mindestens ein Jahr lang, je nach Formulierung des Kaufvertrages eventuell auch zwei Jahre lang. Juristisch gesehen ist ein Pferd genauso eine Sache wie ein Sattel. Den deutschen Richtern ist allerdings nicht klar, dass dies oft nicht funktionieren kann.

Meistens verändert sich auch gar nicht der Sattel in dieser Zeit, sondern das Pferd. Es wird krank, nimmt trainingsbedingt zu oder ab, es kommt auf die Weide oder in einen anderen Stall. All dies kann zu Veränderungen im Bereich der Sattellage führen, die den einst passenden Sattel leider unpassend machen.

Je professioneller mit Pferden umgegangen wird, desto einfacher ist es, das Passen der Sättel zu erhalten. Eine gleichmäßige Ernährung und ein konstantes Training für das Pferd, aber auch für den Reiter sind genauso wichtig, wie ein zunächst passender Sattel. Auch wenn wir dies bereits in einem anderen Teil unseres Buches erwähnt haben, so kann es aus unserer Sicht nicht oft genug gesagt werden.

Nicht der Sattel verändert sich mit der Zeit, sondern das Pferd.

Leider sind es oft genug die Pferdebesitzer, die uneinsichtig sind. Eine häufig erlebte Aussage war übrigens, dass der Sattel vom „alten Franz“, der mit 23 das Zeitliche gesegnet hatte, schon erstmal auf den „jungen Fritz“ passen würde. Ein neues Unterleg-Pad mit Weichschaum würde es schon richten. Und wenn er dann ausgewachsen sei, dann würde ein guter, neuer Sattel gekauft werden. Der „junge Fritz“ war jedoch ein schöner Remont im zarten Alter von zweieinhalb Jahren.

Schon bei einem jungen Pferd ist ein passender Sattel wichtig, um im Training Fortschritte zu machen, die durch einen unpassenden Sattel ausgebremst werden könnten.

Mal ganz ehrlich, würden Sie Ihrem zehnjährigen Sprössling die Schuhe vom soeben verstorbenen Urgroßvater anziehen, mit der Bemerkung, dass ein dickes Paar Socken die viel zu großen Schuhe dadurch passend machen würde? Wohl eher nicht!

Diese Pferdebesitzer meinen es oft noch nicht einmal böse, aber in wenigen Bereichen treffen Unwissenheit und Unvernunft so oft zusammen, wie im Reitsport.

Wir Reiter übernehmen mit dem Kauf eines Pferdes die Verantwortung für ein Lebewesen und schon aus Gründen der Ethik müssen wir alles dafür tun, damit unsere vierbeinigen Freunde nicht noch mehr leiden als sie es schon tun. Pferde sind nicht auf die Welt gekommen, damit sich jemand auf ihren Rücken schwingt und dort oben Dinge tut, die diesen Tieren grundsätzlich fremd sind. Genauso wenig sind Pferde auf die Welt gekommen, damit sie 23 Stunden am Tag in einer Stallbox stehen. Aber dies sei nur am Rande bemerkt.

Baumlose Sättel pressen das Pferd nicht in eine bestimmte Form, sondern ermöglichen Entwicklung unter dem Sattel.

Falls Sie sich jetzt fragen, was das eben Gelesene mit baumlosen Sätteln zu tun hat, ist dies einfach zu beantworten. Baumlose Sättel sind sehr flexibel und sehr einfach zu verstellen. Sie sind leicht und zwängen dem Pferd nicht eine Form auf. Im Gegenteil, sie passen sich der Pferdeanatomie an.

Baumlose Sättel sind zu vergleichen mit Turnschuhen, die sich ebenfalls den Füßen anpassen, auch wenn die Schuhgröße doch mal eine Nummer zu groß ist. Wir möchten allerdings jetzt schon darauf hinweisen, dass wir hier ausschließlich von qualitativ hochwertigen Markenprodukten sprechen. Es geistern zum Teil unglaubliche Angebote im weltweiten Web umher, die oft noch nicht einmal die „supergünstigen" 199 Euro Wert sind, die diese „was-auch-immer" kosten sollen.

Diese, wir möchten dass noch nicht mal „Sättel“ nennen, sind oft nicht einmal das Porto wert, was deren Versand kostet.

Wir werden aber in unserem Buch auch für keine speziellen Marken Werbung machen. Zum einen wollen wir in unseren Ausführungen unabhängig bleiben, zum anderen wäre dies auch unfair, da sich verschiedene Varianten in den letzten Jahren bewährt haben.

Selbst wenn wir eine bestimme Vorliebe für ein Produkt haben, so sind die anderen Lösungen ebenfalls sinnvoll.

Trotz aller Vorteile ist auch ein baumloser Sattel kein Allheilmittel.

Der baumlose Sattel kann nicht alle Probleme in der Reiterei lösen, aber er bietet dem Besitzer und Reiter die Möglichkeit, den Sattel den verschiedenen Gegebenheiten des Pferdesportes anzupassen.

Nicht jeder baumlose Sattel passt auch auf jedes Pferd

## *Der baumlose Sattel*

Uns ist es wichtig aufzuklären, denn leider wird von Unwissenden oft behauptet, dass zum Beispiel baumlose Sättel das Reitergewicht nicht gut verteilen. Dies stimmt jedoch so nicht. Bei hochwertigen baumlosen Sätteln wird das Reitergewicht sehr gut verteilt, was auch elektronische Druckmessungen immer wieder bestätigen. Es gibt hervorragende Modelle dieser Art, die mittels Klettkissen links und rechts der Wirbelsäule für ausgezeichnete Druckverteilung sorgen. Auf dieses Thema wollen wir aber später ausführlich eingehen.

Bei hochwertigen baumlosen Sätteln wird das Reitergewicht sehr gut verteilt

In Internetforen und leider auch in manchen Reitsportmagazinen geistern die unglaublichsten Aussagen herum, so dass das man zum Beispiel auf „den baumlosen Dingern", wenn man ein kräftiges Pferd reitet, immer wie auf einem Fass sitzt. Auch das stimmt nicht.

Ist jeder Reiter, der eine Gerte und Sporen benutzt, ein Tierquäler und ist jeder Fahrer eines Sportwagens ein Raser? Bitte lassen Sie sich von diesen Stimmen nicht verunsichern.

Manche Sattelmodelle haben ganz bewusst taillierte Sitzprofile, mit denen Sie kaum einen Unterschied zu einem Sattel mit Baum spüren werden. Ein weiteres, gerne diskutiertes Thema, ist der vermehrte Druck unter den Steigbügelaufhängungen. Wir haben in der Tat Pferde gesehen, die offene Stellen unter den Steigbügelriemenaufhängungen hatten, wir haben auch Pferde behandelt, die Rückenschmerzen hatten, nach der Verwendung „baumloser Sättel".

Beim näheren Hinschauen, stellte es sich dann allerdings heraus, dass eine Reiterin mit 110 Kilogramm Körpergewicht irgendein wie oben erwähntes Billigst-Produkt (wir nennen es bewusst nicht Sattel) für 150 Euro aus einem Internetauktionshaus gekauft und damit am ersten Tag einen dreistündigen Ausritt gemacht hat... Das Problem ist hier sicher nicht, dass ein baumloser Sattel vom-Grundsatz her versagt hat, sondern die Unvernunft des Anwenders. Anhand dieses Beispiels verstehen Sie sicherlich, was wir sagen wollen.

Unzufriedenheit mit einem baumlosen Sattel kann verschiedene Ursachen haben. Nicht der baumlose Sattel an sich ist schlecht.

• Das Produkt war minderwertig
• Der Reiter war zu schwer
vDer Verkauf erfolgte nicht über den Fachhandel
• Der Reiter nahm sich nicht die Zeit für eine Eingewöhnung
• Der Reiter hat sich nicht ausreichend mit dem System der baumlosen Sättel auseinander gesetzt
• Der Einsatz des Sattels war für das Modell falsch gewählt

Wir werden Ihnen später nochmals einige Tipps geben, worauf es beim Kauf eines baumlosen Sattels ankommt.

Nur weil ein Sattel keinen Sattelbaum hat, ist er nicht billiger in seiner Herstellung. Qualität hat allerdings in der Regel einen gerechtfertigten Preis.

Auch das Thema Preis wird des Öfteren erwähnt. Meist hören wir dann, dass Reiter sagen: „Mehr als 700 Euro will ich für einen baumlosen Sattel nicht ausgeben, sonst kann ich mir ja gleich einen richtigen Sattel kaufen."

In dieser Aussage stecken allerdings zwei Fehler. Der erste, ein baumloser Sattel ist ein richtiger Sattel. Warum sollte er nicht richtig sein? Sie konnten als aufmerksamer Leser bereits erfahren, dass baumlose Sättel auch heute noch von professionellen Reitern verwendet werden.

Der zweite Fehler beruht auf der Unkenntnis über die Herstellung von Sätteln an sich. Ein Sattelbaum ist in aller Regel nicht teuer. Im Gegenteil, man hat als Sattelbauer die Möglichkeit, relativ einfach an dem Sattelbaum alle relevanten Komponenten eines Sattels zu befestigen. Bei einem hochwertigen baumlosen Sattel muss dies anderweitig gelöst werden, was oft wesentlich aufwändiger ist.

Baumlos ist nicht gleich billig. Gute Qualität hat immer ihren Preis.

Daher sollten Sie den gedanklichen Zusammenhang zwischen billig und baumlos aus Ihren Köpfen streichen. Die einzige Gemeinsamkeit ist, dass beide Worte mit einem „B" beginnen. Im Übrigen finden Sie im Internet  auch Sättel mit einem Sattelbaum, welche Sie für 199 Euro und weniger kaufen können. Diese Qualität ist dann ebenso schlecht wie die vermeintlichen Schnäppchen, die wir schon des Öfteren angesprochen haben...

Wir möchten hier eine vermutlich auch Ihnen bekannte Reiterin zitieren, mit der wir uns ausführlich über das Thema baumloses Reiten unterhalten haben. Nathalie Penquitt, die eine Reitanlage im Norden Deutschlands führt, sagt zum Thema baumlos Reiten Folgendes:

Baumlose Sättel sind eine pferdefreundliche Alternative.

„Ich sehe mich auch als Tester im Sinne des Pferdes. Da ich häufig nach meiner Meinung zu verschiedenen Ausrüstungsgegenständen gefragt werde, mache ich mir gerne ein eigenes Bild. Bei einem Sattel ist dazu das regelmäßige Benutzen über einen längeren Zeitraum notwendig. Dabei konnte ich feststellen, dass baumlose Sättel richtig ausgewählt und mit einer passenden gut geeigneten Unterlage kombiniert, für viele Pferde eine wirklich gute Lösung bieten."

Frau Penquitt schreibt das nicht aus Gefälligkeit, sondern sie hat einfach ein gutes Gefühl wenn sie baumlose Sättel verwendet, da die Kommunikation durch Gewichtshilfen und Ähnliches leichter vonstatten geht. Es gibt auch keinen Grund, warum wir in unserer heutigen, meist angewandten Form der Reiterei, dem Freizeitreiten, zwischen zwei bewegliche Lebewesen ein starres Ding legen sollten.

Ein letzter Punkt, den wir für den Einsatz von baumlosen Sätteln ins Feld führen wollen, ist die Artenvielfalt der bei uns lebenden Pferde. Es war für einen Cowboy sicherlich einfacher, den für seine Arbeit richtigen Sattel zu finden, da die Pferde vor 200 Jahren im mittleren Westen der USA eine ähnliche Anatomie aufwiesen... Die Formulierung „ähnlich" ist bewusst gewählt, da es natürlich innerhalb der Rasse; Appaloosa, Quarterhorse oder Ähnliches auch unterschiedliche anatomische Eigenschaften gibt beziehungsweise gab. Aber es war dennoch einfacher einen passenden Sattel zu finden, welcher dann auch später bei einem Pferdewechsel weiter verwendet werden konnte. Dies galt natürlich auch für die „Stockmen“ in Australien oder die spanischen Hirten. Früher war es nicht üblich, dass es in bestimmten Gegenden unterschiedliche Pferderassen gab. Dieses Bild hat sich heute geändert. Hinzu kommt, dass gerade in Deutschland eine sehr große Rassenvielfalt besteht.

Die Rassenvielfalt bedingt viele unterschiedliche Rückenformen. Diesen kann sich ein baumloser Sattel anpassen.

Es ist schön, dass auf unseren Weiden im Frühsommer neben den großen Warmblütern, die kleineren Araber, die gescheckten Tinker, die schwarz glänzenden Friesen und auch die fast schon winzig wirkenden Isländer einträchtig nebeneinander grasen. Allerdings sind diese Pferderassen sehr unterschiedlich und benötigen aufgrund Ihrer anatomischen Eigenheiten ebenso unterschiedliche Sättel. Dieses führt oft zu den erwähnten Passformproblemen von Baumsätteln, da diese in aller Regel unnachgiebig sind und sich aufgrund ihrer Starrheit nicht an die unterschiedlichen Pferderücken anpassen können.

**Am Anfang war der baumlose Sattel.**

Das Pferd war, historisch gesehen, kein Freund und Partner. Die Zeiten von „Horsemanship“ waren noch lange nicht angebrochen und mit Pferden wurde nicht „geflüstert“. Das Pferd war einzig und allein ein Arbeitstier. Es war zwar schreckhaft, aber dafür gut zu zähmen. Es war zäh, schnell, genügsam und man konnte aus damaliger Sicht weite Distanzen zügig überwinden. Das Pferd war außerdem stark und man konnte es zum Ziehen und Tragen schwerer Lasten verwenden.

Aus dem Arbeitstier Pferd wurde ein Freizeitpartner.

Allerdings benötigte man für all diese Dinge hilfreiche Gegenstände; die Idee der Sättel war geboren …

Ob am Anfang der baumlose Sattel war, ist nicht sicher. Es gibt jedoch Zeichnungen und Wand-Reliefs die 700 Jahre vor Christus angefertigt wurden, auf denen berittene Assyrische Krieger zu sehen sind, die auf Fellkissen reiten.

Diese wurden durch Vorderzeuge und zum Teil durch Bauchgurte gehalten, waren leicht und konnten im Notfall schnell auf ein anderes Pferd aufgelegt werden. Wurde ein Pferd im Kampf getötet oder verletzte es sich, so wurde es einfach ausgetauscht, der Sattel hingegen blieb weiterhin in Benutzung.

Später dann verwendete das Volk der Skythen Sättel, die aus Leder und Filz hergestellt waren. Diese bestanden aus zwei Kissen, welche mit Rehhaar ausgestopft und deren linke und rechte Hälfte mit Lederriemen verbunden waren. Hierdurch wurde bereits die Wirbelsäulenfreiheit gewährleistet, welche Reitern und Pferden den dauerhaften Einsatz erleichterte. Durch diese Polster ergab sich dann eine wesentlich bessere Druckverteilung als beim Reiten ohne Sattel oder auf einer einfachen Fellunterlage. Dies brachte den Skythen einen erheblichen Vorteil gegenüber anderen Reitervölkern ein, da die Pferde beschwerdefreier über lange Strecken bewegt werden konnten.

Schon vor vielen hundert Jahren ritten die Menschen ihre Pferde mit baumlosen Sätteln. Auch hier hatte dies Vorteile für die Reiter.

Die Sättel der Skythen wurden Jahrhunderte später von den mongolischen Reitervölkern fast unverändert eingesetzt und heute noch gibt es Sattelmodelle der argentinischen „Gauchos", die auf diesem baumlosen Prinzip basieren.

Zweifelsfrei ist allerdings, dass in der Vergangenheit die Gebrauchsreiterei maßgeblich für die Sattelentwicklung war. Sowohl im Krieg, als auch im Transportbereich war auf Pferde nicht zu verzichten. Daher war es auch nur logisch, dass bei der Entwicklung der Sättel hauptsächlich der Funktonalität Rechnung getragen wurde. Sowohl die vorchristlichen Assyrer als auch die Ritter des Mittelalters oder später die nordamerikanischen Cowboys entwickelten ihre Sättel unter dem Gesichtspunkt, dass diese den Reiter bei seiner Tätigkeit unterstützen sollten.

Um dies nochmals deutlich zu machen, haben wir in alten Büchern Folgendes gefunden. Es ging um die Problematik, dass um das Jahr 1350 die walisischen Bogenschützen der französischen Kavallerie arge Probleme bereiteten, da diese mit ihren vielen Pfeilen die Reihen der Reiter frühzeitig dezimierten. Daraufhin wurden die Reiter und deren Pferde schwer gepanzert. Es wurden Sättel verwendet, deren Vorder- und Hinterzwiesel so weit nach oben gezogen waren, dass die fast unbeweglich gewordenen Reiter auf dem Pferd gehalten wurden. Der hohe Vorderzwiesel schützte ferner den Reiter vor Lanzenstössen. Was damals vielleicht Sinn machte, wäre heute grober Unfug.

Die ersten Sättel, die in Amerika benutzt wurden, waren europäische Sattel-Modelle, die von den Einwanderern des 16. und 17. Jahrhunderts mitgebracht wurden. Später wurden diese, durch die durch Viehzüchtung veränderten Anforderungen weiter entwickelt, bis hin zu den uns heute bekannten Westernsätteln.

Dieser einsame Cowboy benutzte für seine Arbeit mit dem Handpferd natürlich einen Sattel, an dem er dieses auch anbinden konnte. Das Horn musste hierfür fest am Sattel angebracht sein, genauso brauchte er Gepäck für einige Tage, er musste sein Gewehr befestigen können und am Ende des Tages ohne größere Schmerzen aus diesem Sattel steigen. Diese für den Reiter bequemen Westernsättel waren zwar stabil, aber auch sehr schwer. Dieses Mehrgewicht versuchte man über große Auflageflächen auf dem Pferderücken auszugleichen.

Die Entwicklung der Sättel hing von ihrem Nutzen für den Reiter ab. So entwickelten sich unterschiedliche Sattelmodelle.

In Europa, vor allem in England, entwickelte sich etwa zeitgleich die Jagd- und Sportreiterei. Diese Jagd-Sättel waren leichter, die Sattelbäume aus Buchenholz gefertigt und die Kissen mit Wolle gefüllt. Diese Sättel waren dann bereits so konstruiert, dass die Reiter bei der Jagd auch damit springen konnten. Zu Beginn des 20. Jahrhunderts prägten Rittmeister wie der Italiener Caprilli den Sattelbau. Diese „modernen" Sättel entsprachen in etwa den Sätteln, die wir heute noch kaufen können.

## *Der baumlose Sattel*

Die Historie des Sattelbaus ist natürlich noch viel facettenreicher, aber in groben Zügen deutlich zu verstehen. Auf der Länge der Zeitachse betrachtet, hat sich das Reiten erst seit sehr kurzer Zeit von der Gebrauchsreiterei hin zur Hobby- und Freizeitreiterei entwickelt. Natürlich gibt es immer noch Bereiche, wo zu Pferd gearbeitet wird, jedoch sind diese zumindest in Europa zu vernachlässigen.

## Baumlose Sattelmodelle

Eines der schwierigsten Dinge in einem Fachbuch, ist es dem Leser verschiedene Produkte neutral und ohne eigene Bewertung zu erklären, da auch wir natürlich unsere Meinung zu den verschiedenen Sätteln haben.

Dennoch werden wir uns daran halten, die Hersteller nicht gegeneinander zu bewerten. Unsere persönliche Meinung ist sicherlich nicht allgemein gültig und daher wollen wir Sie als Leser nicht dadurch beeinflussen. Wir möchten Ihnen die technisch unterschiedlichen Sattelsysteme erklären, damit Sie sich eine eigene Meinung bilden können. Im nächsten Kapitel werden wir dann noch darauf eingehen, wie Sie für sich herausfinden können, welches dieser Systeme Ihren reiterlichen Vorstellungen am nächsten kommt.

Dank der unterschiedlichen Systeme bei baumlosen Sätteln kann für jedes Pferd und jeden Reiter der passende Sattel gefunden werden.

Ein letztes Mal sei es uns noch gestattet darauf hinzuweisen, dass wir hier bei allen Darstellungen und Erklärungen immer von hochwertigen Sätteln dieser verschiedenen Systeme ausgehen, die schon erfolgreich über Jahre am Markt vertreten sind. Oft sehen diese auf einem Bild nicht wesentlich anders aus als ihre Plagiate, aber spätestens beim Reiten bemerkt man die Qualität.

### Die Grundmodelle baumloser Sättel

Sicherlich waren in der jüngsten Vergangenheit die italienischen Distanzreiter um Sergio Tomassi die ersten, welche Anfang der 90er Jahre den Gedanken an die baumlosen Sättel in Europa wieder aufgegriffen haben, nachdem sie dies in den USA gesehen hatten. Dort wurden baumlose Sättel schon seit längerer Zeit wieder erfolgreich eingesetzt.

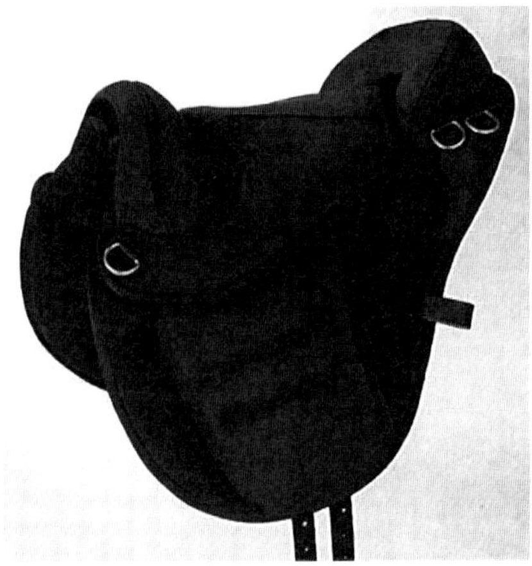

Die Torsion-Sättel, die daraufhin auf den deutschen Markt kamen, waren zunächst natürlich für den Distanzsport ausgelegt, dadurch aber leicht und von einer guten Qualität. Die einfache aber funktionelle Anwendungsweise ermöglicht es den Benutzern, die Sättel kurzfristig auf unterschiedlichen Pferden zu reiten.

Sättel dieses Grundmodells können heute in Form und Stilrichtung nach den optischen Vorlieben des Reiters gewählt werden.

Unter diese Art von baumlosen Sätteln, zu denen auch die Barefoot-Sättel zählen, kommt oft ein kräftigeres Wollpad mit Füllung, eine spezielle Sattelunterlage aus High-Tech-Fasern oder auch eine Unterlage, welche mittels klettbarer Einschübe individuell eingestellt beziehungsweise gepolstert werden kann.

Sättel des ersten Systems sollten mit entsprechenden Sattelunterlagen geritten werden.

Es gibt auch Varianten dieser Sättel, die durch eine Klettöffnung auf der Unterseite quasi selber nachgepolstert werden können. Es empfiehlt sich aber, hierbei sehr vorsichtig zu sein, damit keine Unebenheiten entstehen. In bestimmten Fällen kann dies aber eine sinnvolle Lösung sein.

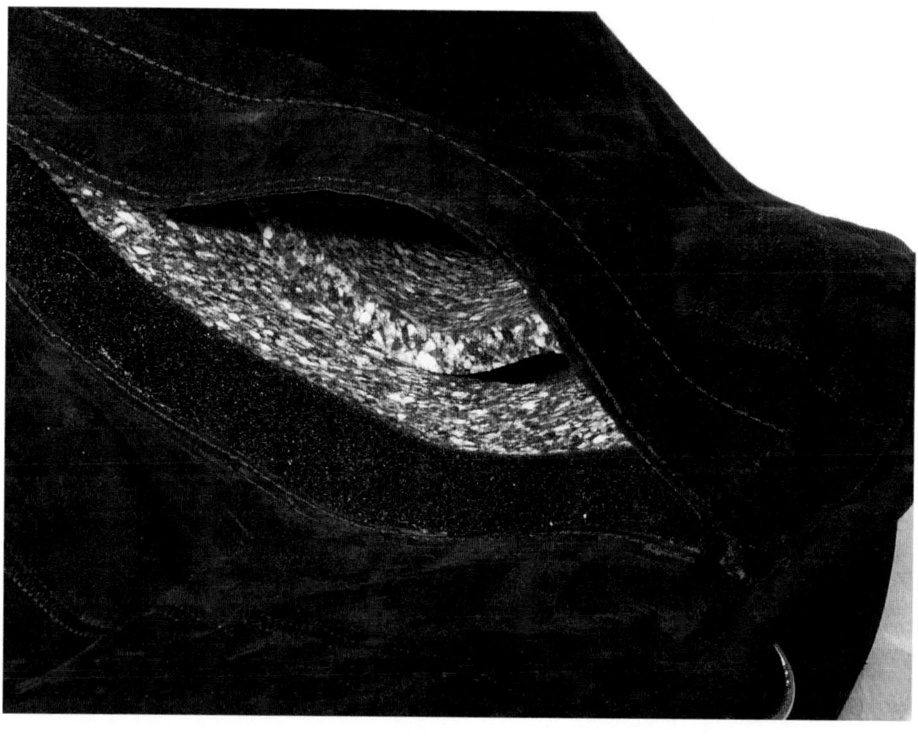

Vorder- und Hinterzwiesel lassen sich austauschen.

Der Vorteil von diesem baumlosen Sattelsystem ist weiterhin, dass zum Beispiel auch die Vorderzwiesel und Hinterzwiesel ausgetauscht werden können. Gute Hersteller bieten für die Vorderzwiesel unterschiedliche Winkelungen an, so dass beispielsweise für einen Haflinger ein anderer verwendet werden kann als für einen Vollblüter. Dies geschieht mittels Reißverschlüssen. In Ausnahmefällen kann es auch Sinn machen, diese Formteile zu entnehmen und Wolle oder Textilstücke in die Ledertaschen einzulegen.

Im Jahr 2003 wurde eine junge Reiterin mit einem solchen Sattel ausgerüstet, die dann von der Equitana Messe aus, über den berühmten Pilgerweg bis nach Santiago de Compostela ritt. Hierbei war sie fast vier Monate unterwegs. Zuerst diente der baumlose Sattel nur als Packsattel für das Handpferd auf dem das Gepäck für die Reise befestigt war. Später benutzte die junge Dame jedoch den baumlosen Sattel zum Reiten, da sich ihr Pferd aufgrund der Strapazen derart veränderte, dass der eigentliche Reitsattel mit Sattelbaum nicht mehr passte. Das Zweitpferd wurde zurückgelassen und der baumlose Sattel mit Packtaschen ausgestattet. Da diese gleichmäßig befestigt waren und unter dem Sattel eine gute Unterlage lag, gab es keine Probleme für Pferd und Reiter.

Eines haben diese Sättel jedoch gemeinsam. Aufgrund der fehlenden oder nur sehr begrenzt möglichen Sitzprofilierung bildet der Sattel die Anatomie des Pferderückens fast eins zu eins nach. Das bedeutet, dass beim Reiten mit solch einem Sattel auf einem dicken Haflinger die Beine deutlich gespreizt werden müssen. Bei Baumsätteln dient der Sattelbaum unter anderem auch dazu, einen sich verschlankenden Sitz zu modellieren. Das ist bei diesem baumlosen Sattelsystem nicht wirklich möglich. Einige Hersteller integrieren in den Sattel verschiedene Materialien, um eine bessere Sitzform zu erreichen. Aber durch die grundsätzliche Konzeption dieses Sattelsystems lässt sich das nur bedingt bewerkstelligen.

# *Der baumlose Sattel*

Die Wirbelsäulenfreiheit.

Ein Dauerthema bei Diskussionen rund um den baumlosen Sattel ist die Wirbelsäulenfreiheit. Dieses wird oft kontrovers diskutiert. Es gibt Stimmen, die behaupten, es sei nicht wirklich relevant. Andere erklären genau das Gegenteil. Fakt ist, dass das so genannte „Ligamentum Supraspinalis" (das lange Rückenband) nur mit Haut und Fell überzogen ist. Sollte es in diesem Bereich zu starkem punktuellem Druck kommen, so führt dies sehr schnell zu offenen Stellen und Entzündungen.

Früher machten die so genannten „alten Reitlehrer" einen einfachen Test. Sie schoben eine Reitgerte vorne in die Sattelkammer, und wenn diese Gerte hinten unter dem Sattel wieder heraus kam, so hatte der Sattel eine freie Kammerung. Diese Vorgehensweise leuchtet auf der einen Seite ein, allerdings sollte dieser „Gertentest" nicht das einzige Kriterium sein, um die Passform eines baumlosen Sattels zu beurteilen. Dieses hier beschriebene Sattelsystem wird aufgrund seiner technischen Eigenschaften vermutlich eher selten den „Gertentest" bestehen ohne aber dadurch deshalb grundsätzlich ungeeignet zu sein.

Unterschiedliche Hersteller arbeiten mit verschiedenen Füllungen und Einlagen in diesen Sätteln, so dass bei einem Reitergewicht bis 75 Kilogramm und einem etwas kräftigeren Pferd sicherlich kein Grund zur Sorge gegeben ist. So sind zum Beispiel auch stabilisierende Systeme oder Materialien in diese Sättel eingearbeitet, um das Reitergewicht besser zu verteilen. Wenn sich die Parameter Reitergewicht und Widerristhöhe aber im kritischen Bereich bewegen (hoher Widerrist und schwerer Reiter), so empfiehlt es sich, den Reitsporthändler oder den Hersteller vor dem Kauf zu befragen.

Elektronische Satteldruckmessungen, welche schon vor etlichen Jahren mit diesen Sätteln durchgeführt wurden, ergaben dass bis 75 Kilogramm Reitergewicht keine Probleme auftreten sollten. Es gibt aber auch genug Konstellationen, bei denen der Reiter deutlich mehr wiegt und das Pferd nachhaltig gut mit diesen Sätteln auskommt. Ein schlechter aber leichterer Reiter, der sich nicht mit dem Pferd bewegt, übt in aller Regel mehr Druck aus, als ein geschmeidig sitzender aber schwerer Reiter. Daher sollte dieser Gewichtsbereich lediglich als Anhaltspunkt dienen und nicht als absoluter Richtwert.

Hoher Widerrist beim Pferd und ein schwerer Reiter sind eine kritische Konstellation. Hier ist besondere Vorsicht geboten. Mit Hilfe der Computerdruckmessung kann dies jedoch überprüft werden.

Die Frage nach dem maximalen Reitergewicht bei baumlosen Sätteln wird immer und überall gestellt, daher möchten wir an dieser Stelle schon einmal generell darauf eingehen. Unabhängig vom Sattelmodell, dem Hersteller oder auch vom Sattelsystem, sollten Sie sich als Reiter mit einem gesunden Menschenverstand immer vor Augen halten, dass die Belastbarkeit eines Pferderückens begrenzt ist. Wir möchten keinem Menschen zu nahe treten, aber wer zum Beispiel 120 Kilogramm und mehr wiegt, der sollte sich sein Pferd extrem gut aussuchen und besser auch einen Fachmann aus dem Bereich der Tiermedizin fragen, ob dies nicht zu Problemen führen kann.

Bitte verstehen Sie, dass wir hier nicht die verschiedenen Sattelsysteme zu den entsprechenden Gewichtsklassen zuordnen können. Das wäre unseriös, da es immer Fälle geben kann, in denen etwas gut geht, das eigentlich nicht funktionieren kann und anders herum. Es sollte aber jedem Reiter klar sein, dass sehr weiche und filigrane Sättel weniger Last aufnehmen können als baumlose Sättel die aus festeren Materialien gefertigt werden. Ferner gilt eben auch das, was bei Baumsätteln gilt: „Wer mehr wiegt, sollte ein stabileres Pferd reiten und wer wirklich zu viel wiegt, sollte vielleicht gar nicht reiten." Auch wenn das jetzt etwas uncharmant klingen mag. Bei allem Spaß am Sport darf man einfach das Lebewesen Pferd nicht vergessen, denn die Grundlagen der Physik lassen sich leider auch durch baumlose Sättel nicht aufheben.

Preislicher Überblick der baumlosen Sättel des ersten Systems.

Ab circa 400 Euro bekommt man einen solchen Sattel, den wir gerade beschrieben haben. Dann allerdings ohne jegliches Zubehör. Eine gute, wie oben beschriebene, Satteldecke kostet in aller Regel mindestens 85 Euro. Sie kann aber auch 140 Euro kosten und Sättel, die aus besonderen Materialien gefertigt werden oder besondere technische Kniffe aufweisen, können über 1000 Euro kosten und sind dieses Geld dann auch wert. Diese Richtpreise sollen dazu dienen, dass Sie leichter einen Überblick bekommen.

Die Leichtgewichtigkeit und Flexibilität des erstgenannten baumlosen Sattelsystems sind besonders hervorzuheben.

Während der Vorteil bei dem hier eben beschriebenen Sattelsystem der ist, dass es an Leichtgewichtigkeit und Flexibilität fast nicht zu schlagen ist und dass es sehr schnell an Pferd und Reiter angepasst werden kann, möchten wir Ihnen jetzt ein flexibles und baumloses Sattelsystem vorstellen, welches zunächst dadurch auffällt, dass es optisch von seinen „baumhaltigen" Pendants kaum zu unterscheiden ist.

Authentische Optik zeichnet das zweite baumlose Sattelsystem aus.

Die Grundlage dieses Systems beruht darauf, dass man die Vorzüge der baumlosen Sättel mit authentischer Optik kombiniert und auch das Sitz- und Reitgefühl dem der Vergleichsmodelle anpasst oder zumindest annähert.

Das heißt, dieser hier abgebildete Westernsattel soll zum Beispiel den technischen und optischen Vorschriften einzelner beziehungsweise bestimmter Reitorganisationen entsprechen, aber auch dem Reiter das Gefühl geben, auf einem vollwertigen Sattel zu sitzen. Auch der nächste abgebildete

Dressursattel ist ein baumloses Modell, der aber auch bei näherer Betrachtung nicht von einem Baumsattel zu unterscheiden ist. Das Sitzgefühl ist durch die besondere Konstruktion dem eines konventionellen Dressursattels mit Sattelbaum sehr ähnlich. Er wurde technisch so entwickelt, dass er den Vorgaben der Deutschen Reiterlichen Vereinigung entspricht. Er verfügt über eine offene Steigbügelriemenaufhängung und zusätzlich ist er mit druckverteilenden Einschüben versehen, damit der unter den Steigbügelaufhängungen vermehrt auftretende Druck noch besser verteilt wird.

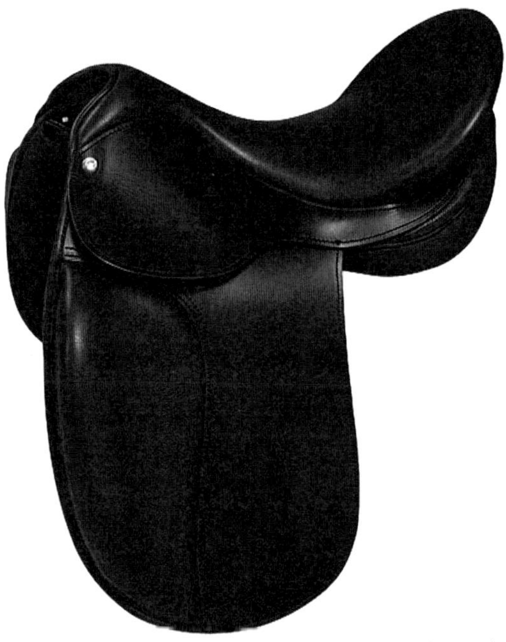

Sie sehen hier die wollgefüllten Sattelkissen, die nicht komplett festgenäht sind, damit sie sich unter dem Gewicht des Reiters geschmeidig an den Pferderücken legen können. Nach kurzer Zeit des Reitens ergibt sich ein sehr harmonisches Schweiß-

beziehungsweise Staubbild, auf dem zu erkennen ist, dass der Sattel überall gleichmäßig aufliegt. Er bildet keine Brücken wie es bei Baumsätteln vorkommen kann, wenn die Längsbiegung des Sattelbaumes mit der Biegung des Pferdes über die Längsachse nicht übereinstimmen.

Die Kissen des baumlosen Sattels passen sich der Form des Pferderückens an.

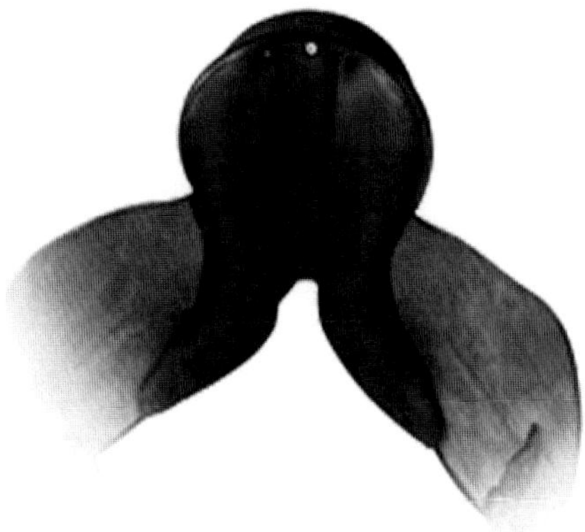

Diese Sattelsysteme bieten in Bezug auf den Sattelunterbau zwei verschiedene Lösungen. Während bei manchen Modellen aus Gründen der Authentizität mit Wolle gefüllten Sattelkissen gearbeitet wird, die dann auch von Sattlern nachgepolstert werden können, so gibt es einige Satteltypen, die mit klettbaren Polsterkissen ausgestattet sind. Hierdurch ergibt sich für den Reiter die Möglichkeit, den Sattel und die Sattelkissen so individuell einzustellen, dass er die bestmögliche Positionierung auf seinem Pferd erreichen kann. Diese Klettkissen sind in verschiedenen Stärken

Klettkissen lassen sich individuell dem Pferd anpassen.

und Längen erhältlich, um auch pferdebedingte Sonderlösungen zu ermöglichen. Auch sind diese Klettkissen aus unterschiedlichen Materialen zu kaufen, so dass der Inhalt der Kissen die Reiteigenschaften beeinflusst. Wir haben auch schon Klettkissen gesehen, die mit Lammfell umhüllt waren oder auch nur sehr dünne, die aus Filzplatten bestanden.

Viele Reiter kennen das Problem, dass die Gurt- und die Sattellage ihres Pferdes unterschiedlich sind und dass dadurch die Sättel oft auf die Schulter rutschen. Durch das Klettkissen-System kann dies verbessert oder gar verhindert werden, da die Kissen horizontal gegen den Sattelaufbau verschoben werden können und somit die Asymmetrie von Gurt- und Sattellage ausgeglichen werden kann.

Bei diesen baumlosen Sätteln mit Klettkissen besteht zudem der Vorteil, dass diese eine wirkliche und dauerhafte Wirbelsäulenfreiheit aufweisen. Schwerere Reiter können Klettkissen verwenden, welche dicker sind als Standardkissen, um somit ihr höheres Gewicht kompensieren. Auch können diese Klettkissen Sonderformen haben, die den spezifischen, anatomischen Eigenheiten des Pferdes entgegen kommen. So können diese beispielsweise vorne dicker oder auch hinten dicker sein, um den Reiter bestmöglich zu positionieren.

In aller Regel ist das Leder dieser Sättel stärker und von anderer Konsistenz, so dass der Sattel an sich fester wirkt. Diese Sattelmodelle sollten aber von Fachverkäufern angepasst werden, da das optimale Anpassen nicht so einfach ist, wie bei den Modellen, welche wir im vorhergehenden Abschnitt erwähnt haben. Ohne dass wir grundsätzlich etwas gegen das Kaufen in Internet Auktionshäusern hätten, wollen wir Sie nochmals darauf hinweisen, wie viele unglückliche Käufer es gibt, die nach dem Kauf eines „Sattelschnäppchens“ das Problem hatten, den Sattel nicht richtig anpassen zu können. Es ist verständlich, dass jeder gerne Geld spart, wenn es möglich ist. Aber der Sattelhändler hat seine Daseinsberechtigung, da er den Reiter optimal bedient und berät. Er ist Dienstleister und dieser Dienst sollte auch honoriert werden.

# Der baumlose Sattel

Vorderzwiesel/Fork lässt sich austauschen oder verstellen.

Genau wie bei dem zuvor beschriebenen Sattelsystem können auch hier bei einigen Modellen die Vorderzwiesel, bei den Westernreitern Fork genannt, ausgeschraubt und getauscht werden. Dies verschafft dem Reiter und Pferdebesitzer die Möglichkeit, den Sattel immer wieder neu auf sein beziehungsweise seine Pferde abzustimmen. Hierdurch entsteht übrigens auch ein echter und weiterer Vorteil von baumlosen Sätteln im Allgemeinen. Der Wiederverkaufswert ist bei einem Sattel, der immer wieder auf neue Pferde angepasst werden kann, natürlich deutlich höher als bei einem Sattel, der für nur ein bestimmtes Pferd gebaut wurde (Problem bei Sattelmaßanfertigungen).

Manche Hersteller bieten auch Lösungen an, bei denen die Vorderzwiesel nicht einmal mehr getauscht werden müssen. Sie können, wie Sie auf dem folgenden Bild sehen, die Kammerweite des Sattels ganz bequem und einfach mit einem Schraubenschlüssel verstellen. Das hat den Vorteil, dass Sie dies auch sehr oft tun können, ohne dass sich das Material dabei abnutzt. Solche Modelle bieten sich natürlich für Reitschulen an oder sind ideal für Wanderritte bei denen vielleicht die Pferde getauscht werden müssen.

Die gerade beschriebenen Sättel sind zwar baumlos, aber von ihrer Festigkeit und Stabilität stärker ausgelegt als die der vorhergehenden Variante. Dies ist nicht besser oder schlechter, sondern einfach nur anders. Das optische Erscheinungsbild dieser Art von Sätteln ist ähnlich vielfältig wie das von Baumsätteln. Es gibt Barocksattelmodelle, Vielseitigkeits- und Dressursättel, Westernsättel, Distanz- und Islandsättel. Dieses optisch hochwertige Erscheinungsbild und die ausgefeilte Funktion haben aber leider ihren Preis. Sattelsysteme wie diese sind in aller Regel nicht unter 1.000 Euro zu haben und ein besonders schönes Modell, welches Sie sich auch individuell zusammenstellen können, kann durchaus 1.500 Euro kosten. Bitte lösen Sie sich auch von dem Gedanken, dass baumlose Sättel grundsätzlich billig sind. Einen guten baumlosen Sattel zu bauen, braucht genau so viel Zeit wie einen vergleichbaren Baumsattel zu bauen. Ein Sattelbaum kann sehr hochwertig sein, muss es aber nicht. Es gibt preiswerte Sattelbäume die für 25 Euro im Großhandel zu kaufen sind und wenn Sie es nicht wissen, sehen Sie einem Sattel nicht automatisch an, welcher Baum sich darin befindet.

Preislicher Überblick der baumlosen Sättel des zweiten Systems.

Das dritte baumlose Sattelsystem, das sich speziell in Deutschland gut etabliert hat, ist das von Freeform. Diese Sättel werden in Italien seit 2003 gefertigt und erfreuen sich durch die Kombination aus stoßdämpfenden High-Tech Schäumen und weichem Leder großer Beliebtheit.

Die Idee dieses Systems beruht auf einer Sattelbasis und einem kombinierten Sitzteil, welches in

Das dritte baumlose Sattelsystem besteht aus kombinierbaren Komponenten und kann dadurch individuell zusammengesetzt werden.

verschiedenen Versionen erhältlich ist. Diese aus Spritzguss gefertigten Schaum-Komponenten werden dann mit Leder überzogen und mit Klettflächen versehen, damit ein fester Zusammenhalt gewährleistet wird. Sowohl die Funktion, die Optik als auch die Sitzgröße können hierdurch individuell festgelegt werden. Die Sitzgrößen sind von 15" bis 19" erhältlich, so dass auch große Reiter einen geeigneten Sattel finden können. Auch die Unterbauten können in verschiedenen Längen gewählt werden, um auch kurzrückige Pferde mit diesem System besatteln zu können.

Ein interessantes Detail an diesen Sätteln ist weiterhin, dass der Reiter zum Beispiel zwischen dem Sitzteil und der Basis die Steigbügelriemenaufhängung mittels Kletteilen genau an der Stelle positionieren kann, wo er es wünscht.

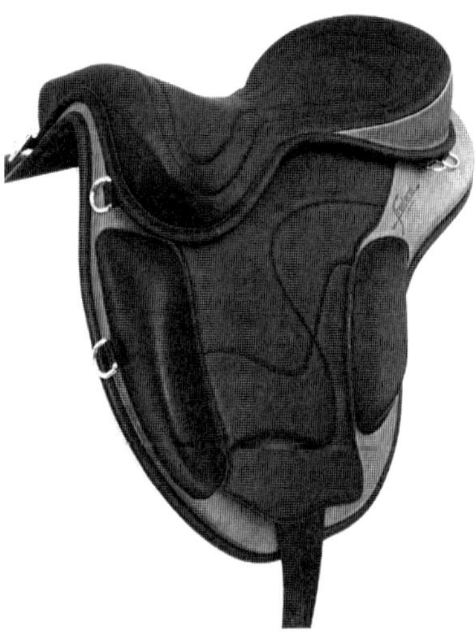

Ferner gibt es klettbare Oberschenkel- und Wadenpauschen, mit denen der Sattelbenutzer seine individuelle und optimale Sitzposition selber gestalten kann. Freilich wird unter dieses Sattelsystem auch eine entsprechende Sattelunterlage, die eine Wirbelsäulenentlastung ermöglicht, empfohlen, da aufgrund der Bauform dieser Sättel die Sattelunterseiten nicht nachgepolstert werden können. Jedoch bietet der Hersteller eine Version für Pferde mit einem höheren Widerrist an.

Preislicher Überblick der baumlosen Sättel des dritten Systems.

Die Preise für diese Sättel bewegen sich zwischen 800 und 1500 Euro je nach Modell und Ausstattung.

## Baumlose Sondermodelle

Exotisch anmutende Modelle können auch außergewöhnliche Wünsche des Reiters, zum Beispiel die Farbwahl betreffend, abdecken.

Im Laufe der Zeit wurden auch immer wieder neue Modelle entwickelt, die teilweise exotisch anmuten, sich aber einen großen Freundeskreis aufbauen konnten. Hierzu gehört sicherlich der „Bora"-Sattel. Dieser war zunächst mit Luftkammern vorne und hinten gefüllt, so dass man extrem bequem darin reiten konnte und dennoch einen sehr guten Halt hatte. Später wurden die Luftkammern mit Wolle gefüllt. Dies war vermutlich sicherer, falls es zu undichten Stellen kommen sollte. Ob aber mit Luftkammer oder mit Wollfüllung, der Sattel wurde geliebt, da er einem Sofa glich. Dieses Modell gehörte zu den ganz frühen baumlosen Sätteln in Deutschland. Mitte der neunziger Jahre war er ein Bestseller.

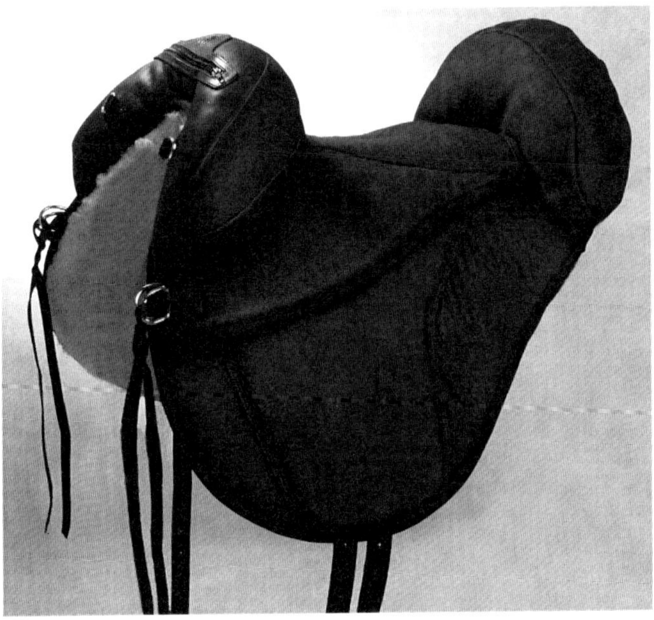

Ein weiterer Exot ist der „Ghost"-Sattel. Sein Ursprung ist ebenfalls in Italien zu finden. Europaweit gibt es etliche Reiter, die auf ihn schwören. Dieser Sattel aus Kunstmaterialien ist in schrillen Farben erhältlich, für jeden Geschmack. Die Optik wirkt dadurch vielleicht zunächst etwas gewöhnungsbedürftig. Er kann durch verstellbare Gurtstrupfen, die mittels Metallklammern individuell am Sattel positioniert werden können, genau auf die Pferde eingestellt werden. Ebenso sind die Steigbügelriemen und die Sitzgröße verstellbar. Der Sattel an sich besteht aus einem unempfindlichen Mikro-Porosa Material, welches einfach mit einem feuchten Tuch gereinigt werden kann. Auch dieses Sattelmodell hat seinen Ursprung in der Distanzreiterei.

# *Der baumlose Sattel*

In den USA sind viele weitere baumlose Sattelmodelle erhältlich. Fortlaufend finden weltweit neue Entwicklungen statt.

Im US-amerikanischen Markt gibt es einige Sattelmodelle, die man in Deutschland kaum kennt, aber die dort erfolgreich verwendet werden. Meist werden diese zum leichten Western Training, zum Beispiel dem Barrel Racing verwendet oder als Sportsattel genutzt. Es gibt aber auch hier Modelle, die wie so oft für den Distanzsport eingesetzt werden. Optisch sind die meisten amerikanischen Sättel eher westernlastig, aber natürlich baumlos und wesentlich leichter als die dort üblichen Westernsättel mit Baum.

Wie wir schon in unserem historischen Überblick erwähnt haben, werden auch aktuell in der Gebrauchsreiterei, zum Beispiel in Südamerika, immer noch baumlose Sättel verwendet. Diese Reiter führen damit täglich ihren Beruf aus, aber die Sättel sind aufgrund ihrer Optik und ihrer Verarbeitung anders als das, was wir in Europa beziehungsweise in Deutschland gewöhnt sind. Daher wollen wir hier auch nicht detailliert darauf eingehen.

Einige Hersteller brachten zudem Fellsättel auf den Markt. Jedoch waren diese eher von einfacher Natur, so dass der Reitkomfort zu wünschen übrig ließ. Die Funktion dieser Produkte gleicht eher einem Bareback Pad. Es bietet dem Reiter wenig Halt, ist aber bequem und im Prinzip wie Reiten ganz ohne Sattel.

Das generelle Problem bei baumlosen Sätteln ist eben die stabile Befestigung an den Sattel-Gurtstrupfen und die Steigbügelriemenaufhängung. Ist das Reitmedium dann doch zu weich und instabil, so kann diese Belastung nicht gleichmäßig aufgefangen werden, was entweder zum Rutschen der Sättel führt oder zu Druckspitzen. Zum Reiten für Kinder oder aber für eine kleine Runde um den Stall ist ein Fellkissen-Sattel sicherlich geeignet.

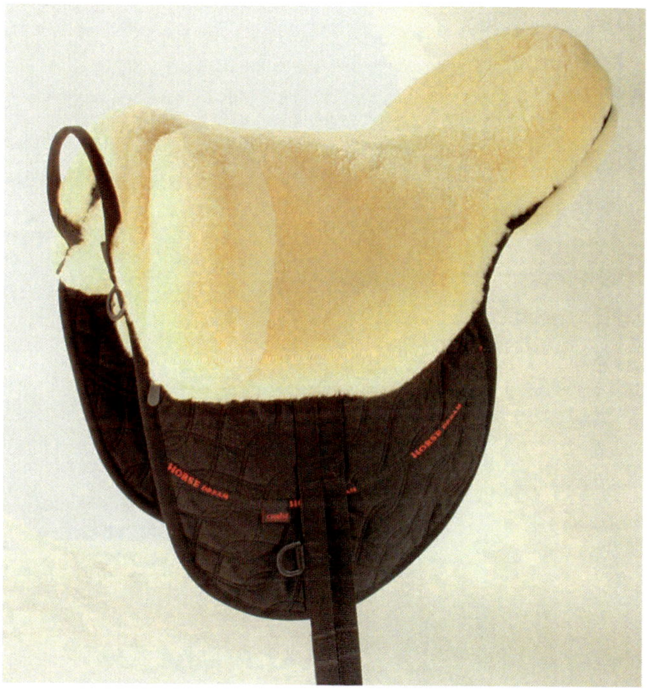

Auch für Kinder gibt es baumlose Sattelmodelle, die diesen in Passform und Sicherheit entgegen kommen.

### Kindersättel

Auch an die Kleinen wird gedacht. Damit meinen wir sowohl die kleinen Pferde als auch die kleinen Reiter und Reiterinnen. Es gibt mittlerweile einige Sattelhersteller, die baumlose Kindersättel auf den Markt gebracht haben, die für diesen Zweck wirklich optimal sind. Durch das geringe Reitergewicht kann es hier keinerlei Druckprobleme geben, die Sättel geben jedoch den kleinen Reitern Halt und Stabilität. Diese Modelle sind aufgrund ihres geringen Preises wirklich erschwinglich und bieten eine sehr gute Alternative zu den sonst üblichen Praktiken, dass für Kinder ausgediente, viel zu große Sättel verwendet werden. Allerdings sollte hierbei nicht vergessen werden, dass es Sättel für Kinder, also sehr leichte Reiter sind.

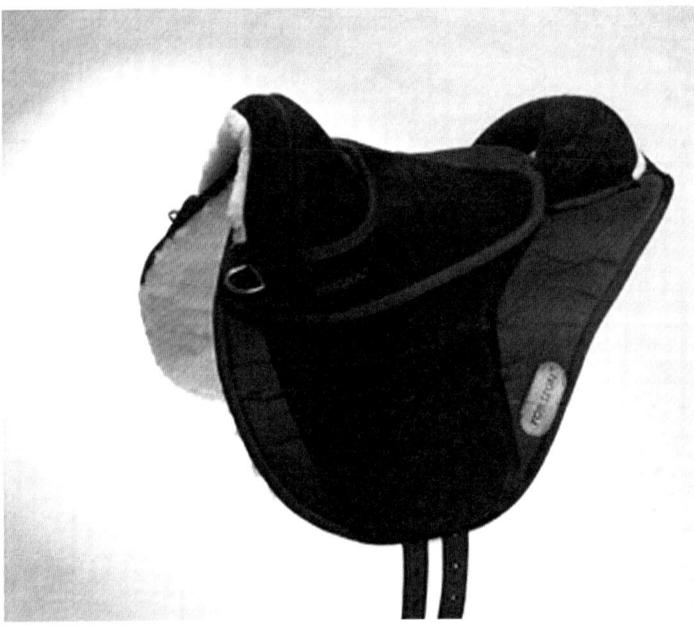

## Zubehör für baumlose Sättel

Das richtige Zubehör kann bei baumlosen Sätteln besonders wichtig und ausschlaggebend sein, damit der Sattel korrekt auf dem Pferd liegt, nicht rutscht, die Wirbelsäulenfreiheit gewährleistet ist, das Gewicht des Reiters gleichmäßig verteilt und der Pferderücken geschont wird. Auch den Reiter beeinflusst das richtige Zubehör, so dass er einen bequemen, ausbalancierten Sitz einnehmen kann, ihn nichts drückt oder behindert und er eventuell mitgeführte Gegenstände problemlos auf dem Pferd verstauen kann.

### Sattelunterlagen

Bei Baumsätteln mit gefüllten Kissen dienen Satteldecken lediglich als dekorative Schmutzfänger und schützen den Sattel vor Dreck und Schweiß des Pferderückens. Bei baumlosen Sätteln sollte grundsätzlich auf eine geeignete Sattelunterlage mit entsprechender Polsterung Wert gelegt werden.

Gepolsterte Sattelunterlagen sind bei vielen baumlosen Sätteln wichtiges Zubehör.

Neben den optischen Vorlieben sollte hier auf die anatomische Schnittführung der Rückenform entsprechend geachtet, sowie die Passform gemäß dem Sattelmodell gewählt werden. Welche Decke Ihrem Sattelmodell sowie Ihrer Nutzung gerecht wird, darüber kann Sie im Einzelfall Ihr Händler oder der Hersteller des Sattels beraten.

Bei einigen Modellen der baumlosen Sättel ohne (Klett-)Kissen sind gepolsterte oder polsterbare Sattelunterlagen ein besonders wichtiges

Zubehörteil, dass eine Nutzung des Sattels ohne entsprechende Unterlage nur selten möglich ist.

Diverse Firmen stellen heute diese speziellen Sattelunterlagen her. Oftmals sind sie extra für baumlose Sättel entworfen und entwickelt worden. So kann ein Vorne-Hinten Ausgleich ebenso wie ein Rechts-Links Ausgleich bei Asymmetrien vorgenommen werden, um den Sattel in Balance zu bringen.

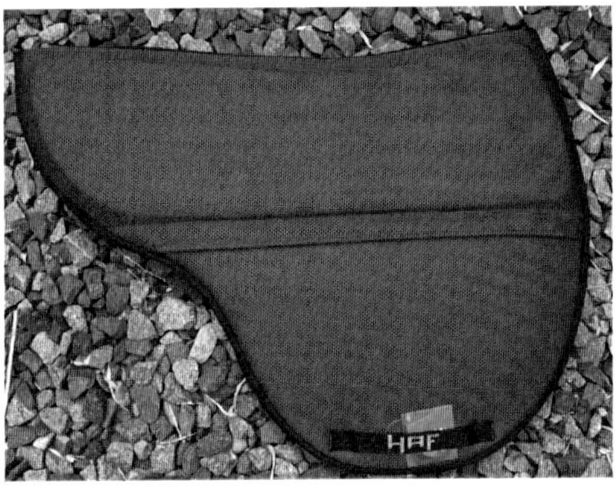


Gepolsterte Sattelunterlagen sind in den unterschiedlichsten Variationen erhältlich. Sie unterscheiden sich zum Beispiel in Form, Material, Dicke und Härtegraden des Polstermaterials. Das Polstermaterial ist in die Decke eingenäht und lässt sich in der Regel nicht austauschen.

Polsterbare Sattelunterlagen verfügen über mit Klett versehene Einschubtaschen, in die das Polstermaterial eingeschoben und so eine Änderung der Polsterung der Satteldecke selbständig vorgenommen werden kann. Das ist besonders sinnvoll, um Asymmetrien auszugleichen oder die Polsterung auf das entsprechende Pferd so zu optimieren, dass der Sattel in perfekter Balance liegt.

So kann ein baumloser Sattel auch auf mehreren Pferden genutzt werden, indem eben die dem Pferd zugeordnete Sattelunterlage verwendet wird.

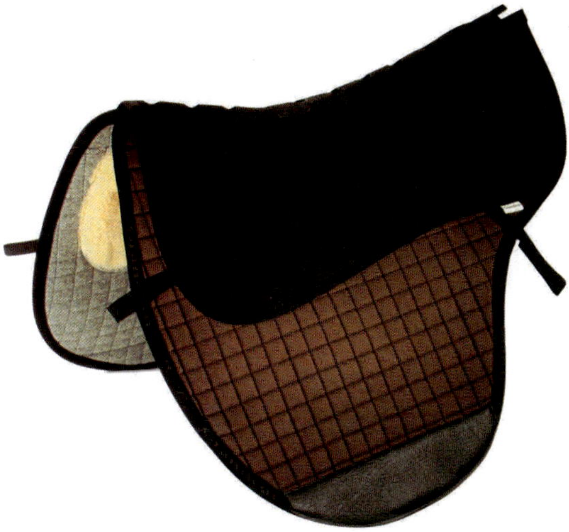

Die benötige Dicke der Polsterung hängt von der Beschaffenheit der Wirbelsäule des Pferdes ab. Pferde, deren Wirbelsäule durch die Rückenmuskulatur geschützt ist und nicht hervorschaut, benötigen wesentlich weniger Polsterung als Pferde, mit weit aus der Muskulatur heraus stehender Wirbelsäule.

Polsterbare Decken können ganz individuelle Lösungen für Reiter und Pferd ermöglichen.

Ebenso kann mit der Polsterung ein Vorne-Hinten Ausgleich stattfinden, wenn der Sattel zum Beispiel durch einen stark ausgeprägten Widerrist aus der Balance gerät und den Reiter sonst zu weit nach hinten setzen würde. Mit der entsprechenden Polsterung wird der Schwerpunkt des Sattels wieder über den Schwerpunkt des Pferdes „gerückt". Was bei Baumsätteln ein absolutes „No-Go" ist, ist beim baumlosen Sattel gut und sinnvoll.

So kann das Polstermaterial auch selbst zurecht geschnitten werden, um dem Pferd den größtmöglichen Komfort zu ermöglichen. Auch mehrere Schichten unterschiedlichen Polstermaterials sind möglich. Polsterungen, die in die Einschubtaschen eingebracht werden können, sind zum Beispiel Kalt- oder Verbundschaum, Filz, Moosgummi und andere Materialien. Beliebt sind auch Turn- oder Isomatten, die in die gewünschte Form geschnitten werden. Jedes Material hat eine andere Stärke und einen anderen Härtegrad, so dass sehr individuell gepolstert werden kann.

Dies ist beinahe eine Wissenschaft für sich. So ist es allerdings möglich, einen baumlosen Sattel auf nahezu jedes Pferd anzupassen.

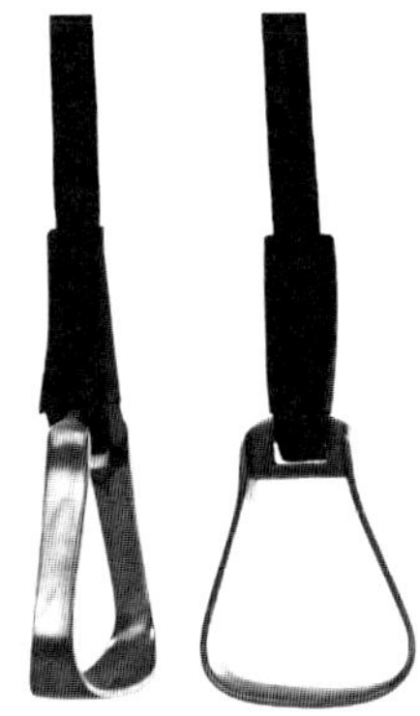

Neben dem Innenleben der Sattelunterlagen kann auch das äußere Material wichtig sein. Besonders die Unterseite der Satteldecke. So ist es hier unter Umständen sinnvoll, eine Unterseite zu wählen, die besonders rutschfest ist, um den Sattel möglichst sicher auf dem Pferd zu halten. Das kann vor allem bei runden Pferden nötig sein. So sind einige Decken auf dem Markt mit Anti-Rutsch-Systemen ausgestattet, deren Unterseite zum Beispiel gummiert oder anderweitig beschichtet ist. Bei runden Pferden sollten Sie auch keine Sattelunterlagen wählen, die zum Pferderücken hin mit Lammfell versehen sind. Lammfell kommt schnell ins Rutschen.

Rutschfestigkeit der Sattelunterlage kann einem baumlosen Sattel einen noch besseren Halt geben.

**Steigbügel und Steigbügelriemen**

Bei einigen baumlosen Modellen kann es sinnvoll sein, andere Bügel und Bügelriemen als die herkömmlichen zu nutzen. Herkömmliche Lederriemen sind oft dick und die Schnallen drükken massiv auf der Innenseite der Oberschenkel. Ferner kann sich dieser Druck auch auf das Pferd übertragen, so dass sich weiße Stichelhaare bilden können. Zur Lösung dieses Problems sind hier zwei Systeme auf dem Markt, die nicht mit dicken Schnallen oben versehen sind. Sie können Mono-Bügelriemen kaufen, dazu benötigen Sie aber einen Sattel, bei dem die Bügelriemenaufhängung offen ist, das heißt, er sollte entweder über einen Haken oder eine Sturzfeder verfügen. Bei Sätteln, die nur mit einem Ring zum Einfädeln der Steigbügelriemen ausgestattet sind, kann dieses System nicht genutzt werden. Hier können Sie auf das doppellagige Modell, meist mit einer Nylon- oder

Der Steigbügel und die Bügelriemen sollten sicher und bequem für Pferd und Reiter sein.

Biothane-Verstärkung versehen, zurückgreifen, dessen Verschnallung nicht wie gewohnt oben am Sattel, sondern unten, direkt über dem Steigbügel sitzt. Meist wird hier die Schnalle zur optischen und funktionellen Optimierung noch mit einer klettbaren Ledermanschette geschützt.

Bei Sätteln ohne Sturzfeder sollten Sie Ihrer Sicherheit zuliebe auch auf den Steigbügel ein besonderes Augenmerk richten. Bitte nutzen Sie hier ausschließlich Sicherheitssteigbügel, bei denen der Fuß nicht durchrutschen kann oder die zum Beispiel mit einem eingespannten Gummiring versehen sind, der diesen bei einem Sturz und einem möglichen Steckenbleiben des Fußes im Bügel freigibt.

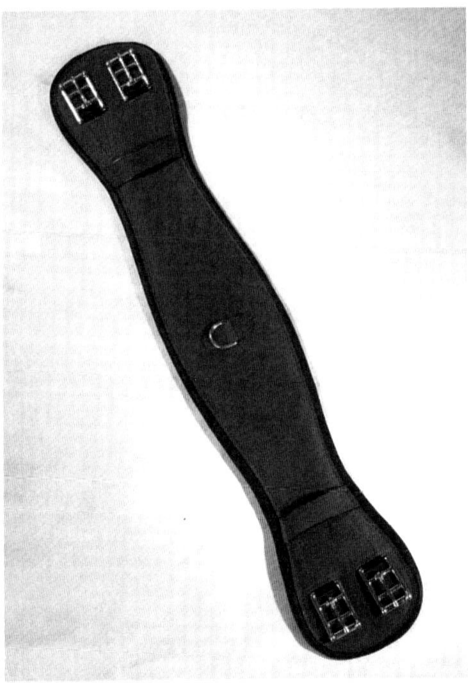

**Sattelgurte**

Bei der Wahl des richtigen Sattelgurtes wird man beinahe erschlagen von der Vielzahl der Modelle. Unterschiedliche Naturmaterialien wie Leder, Filz, Lammfell, Baumwolle, Leinen oder synthetische Materialien wie Neopren, Nylon oder Polyester, elastische Modelle, flächige Modelle oder Schnurgurte; Kurz- oder Langgurte, anatomisch geformte, breite oder schmale Gurte.

Der Sattelgurt muss dem Sitz des Sattels sowie der Anatomie des Pferdes gerecht werden.

Welcher für den baumlosen Sattel der Beste ist, hängt vom Pferd, seiner Anatomie und Empfindlichkeit, dem Sattelmodell und den Gegebenheiten des Trainings etc ab. Es gibt keine Sattelgurte speziell für baumlose Sättel und es kann jeder Gurt zum Einsatz kommen, der der Anatomie des Pferdes und dem richtigen Sitz des Sattels gerecht wird. Damit die Schnallen der Sattelgurte nicht an den Beinen der Reiter scheuern, werden die meisten baumlosen Sättel aber mit Kurzgurten geritten. Diese sind aus dem Dressursport bekannt und müssen meistens auch nicht extra für den Sattel zugekauft werden.

Wichtig ist, dass der Gurt die richtige Länge aufweist, so dass die Schnallen das Pferd oder den Reiter nicht behindern. Elastische Gurte sind oftmals bequemer für das Pferd, können aber ein Rutschen des Sattels begünstigen. Lammfellschoner über den Gurten können das Pferd vor Druck- und Scheuerstellen schützen.

Lassen Sie sich im Fachhandel beraten.

### Vorderzeug

Vorderzeug für den Sattel ist nicht unbedingt nötig, kann aber genutzt werden zum Beispiel bei Wanderritten in schwierigem Gelände. Es kann so das nach hinten Rutschen des Sattels beim Bergaufreiten verhindern. Auch ein seitliches Verrutschen kann er verhindern, so dass der Sattel nicht unter dem Pferdebauch landen kann.

Wollen Sie einen Sattel mit Vorderzeug nutzen, so achten Sie beim Sattelkauf darauf, dass Befestigungsmöglichkeiten gegeben sind.

Zur Nutzung des Vorderzeuges sollte sich am Sattelgurt mittig ein Ring befinden, in den das Vorderzeug verschnallt werden kann. Das Einschlaufen des Vorderzeugs in den Sattelgurt ist nicht sinnvoll. Das Vorderzeug kann so eher ins Rutschen geraten beziehungsweise die Schlaufe unter dem Sattelgurt scheuern.

Ebenso müssen oben am Sattel entsprechende Befestigungsmöglichkeiten gegeben sein. Fehlen diese, so kann dies problemlos von einem Sattler nachgerüstet werden.

Das Vorderzeug darf das Pferd nicht quetschen. Es sollte also bei korrekter Verschnallung nur leicht am Körper des Pferdes aufliegen. Die Breite des Vorderzeuges sollte nicht zu schmal gewählt werden, um den Druck auf die Pferdebrust ausreichend zu verteilen.

### Schweifriemen

Wird ein Schweifriemen so verschnallt, dass er ein nach vorne Rutschen des Sattels verhindert, behindert er das Pferd in der Bewegungsfreiheit und kann so zu Rückenproblemen führen. Wird er mit ausreichend Bewegungsfreiheit für das Pferd verschnallt, so verhindert er nicht mehr das nach vorne Rutschen des Sattels.

Den Wert eines Schweifriemens zum Verhindern des nach vorne Rutschens eines Sattels kann den Schaden, den er am Pferd anrichten kann, nicht ausgleichen. Es sollte also zum Wohle des Pferdes grundsätzlich auf einen Schweifriemen verzichtet werden.

**Satteltaschen**

Zum Gepäcktransport, zum Beispiel bei einem Wanderritt, können Gepäcktaschen am Sattel oder an der Satteldecke angebracht werden. Wie und wie viele entscheidet das Sattelmodell. Wichtig ist, dass die Gepäckstücke auf der Decke aufliegen und nicht auf dem blanken Pferderücken, wo diese das Pferd wundscheuern können.

Es sollte bei baumlosen Sätteln ebenso wie bei Baumsätteln auf die gleichmäßige Verteilung des Gewichtes in den Taschen Wert gelegt werden. Weiterhin ist bei baumlosen Sätteln zu beachten, dass bei erhöhtem Gewicht durch das Gepäck eventuell die Polsterung der Decken verändert werden muss. Dennoch sollte nicht unerwähnt bleiben, dass baumlose Sättel nun einmal in einer „Leichtbauweise" hergestellt sind und dass bei wirklich viel Gepäck eventuell auf ein anderes Sattelsystem zurückgegriffen werden sollte.

### Sitzfelle

Auf einigen Sattelmodellen der baumlosen Sättel können Sitzfelle angebracht werden. Bei spanischen Sätteln werden diese als Zalea bezeichnet. Aber auch auf allen anderen Sätteln kann ein Sitzfell warm und gemütlich für den Reiter sein oder bei härteren Sätteln den „Allerwertesten" schonen.

Wichtig ist, zu beachten, dass sich die Sitzfläche dadurch verkleinern kann und der Reiter „eingequetscht" wird. Sie dienen einzig dem Sitzkomfort des Reiters und haben keinen Einfluss auf das Pferd.

### Welcher Sattel passt zu mir?

Diese Frage können wir Ihnen natürlich nicht wirklich beantworten, da ein Sattelkauf immer etwas sehr individuelles und auch emotionales ist. Man lässt sich vielleicht von einem Trend beeinflussen oder von den Stallkameraden, aber letztendlich muss der Sattel Ihnen und Ihrem Pferd wirklich passen. Wir möchten Ihnen durch dieses Buch alle Informationen vermitteln, die Sie benötigen, um sich soweit mit dem baumlosen Reiten und den baumlosen Sätteln auszukennen, damit Sie eine sichere Entscheidung treffen können. Nachfolgend möchten wir Ihnen einige Punkte an die Hand geben, quasi eine Art Checkliste mit der Sie die Sache angehen können.

Wählen Sie aus der Vielzahl der Modelle das für Sie richtige Modell aus.

• Sie sollten wissen, welches Modell Sie kaufen wollen! Zunächst sollten Sie sich also im Klaren darüber sein, welche Art der Reiterei Sie mit Ihrem baumlosen Satte betreiben möchten. Wenn Sie zum Beispiel gerne die Optik eines Westernsattels lieben, aber einen besonders festen Halt auf dem Pferd benötigen, so ist es vielleicht besser auf einen Endurance-Sattel zurück zu greifen. Diese gibt es teilweise auch mit Horn. Wenn Sie hingegen auf einem Dressurturnier reiten, so kommen Sie um einen Sattel im englischen Stil nicht herum. Wenn Ihnen diese Stilrichtungen aber grundsätzlich egal sind, so können Sie sich ganz darauf konzentrieren, welches Modell Ihnen am besten gefällt und Ihrem Pferd passt.

Achten Sie auf die Passform für den Reiter.

Wählen Sie ein Modell, welches Ihnen in der Passform gerecht wird.

• Bitte vergessen Sie nicht, dass ein Sattel nicht nur dem Pferd passen muss, sondern auch Ihnen! Es macht keinen Sinn, aus falscher Eitelkeit ein besonders filigranes Modell zu wählen, wenn Sie einen stabilen und großen Sattel benötigen. Es ist aber auch falsch, einen zu großen Sattel zu kaufen, nur damit eventuell mal ein anderer Reiter darin sitzen kann. Nur wenn Sie sich in dem Sattel wohl fühlen, die Sitzform Ihren Vorstellungen entspricht und Sie Ihre Beine ordentlich positionieren können, dann ist dieses Modell auch richtig für Sie. Wir haben Reiter kennen gelernt, die sich Dressursättel mit langen Blättern gekauft haben, um korrekt zu sitzen, sich dabei aber so unwohl fühlten, dass sie mit verkürzten Riemen reiten mussten, wie bei einem Springsattel. Dies macht sicherlich keinen Sinn, zumal die Knie dann über die Pauschen ragen.

Wählen Sie ein Modell, welches Ihrem Pferd in der Passform gerecht wird.

• Eines der wichtigsten Dinge ist, dass der Sattel Ihrem Pferd passen muss! Wenn Sie ein kleines Pferd mit einem besonders kurzen Rücken haben, so macht es keinen Sinn, sich ein großes Westernmodell auszusuchen. Auch wenn es bei baumlosen Sätteln einfacher ist, so sollte dennoch die Passform im Bereich der Schulter mit der tatsächlichen Pferdeschulter übereinstimmen. Achten Sie auf die richtige Kammerweite, welche bei den meisten guten Modellen getauscht werden kann. Sollte Ihr Pferd einen hohen Widerrist haben, so benötigen Sie einen Sattel der damit zurecht kommt. Und wenn Sie einen dicken Haflinger reiten, so müssen Sie darauf achten, dass Sie einen Sattel auswählen, der möglichst rutschfest ist. Eine einfache Westerngurtung kann hier unter Umständen nicht ausreichen. Wir können immer wieder nur appellieren: „Gehen Sie zu einem Fachhändler und probieren Sie die Sättel aus. Lassen Sie sich bei einer Sattelanprobe das Produkt erklären und seien Sie bereit, für diese Dienstleistung auch Geld zu bezahlen. Es ist gut angelegtes Geld!

• Achten Sie darauf gutes Zubehör zu kaufen! Das soll nicht heißen, dass man nicht auch mal improvisieren darf wenn es sinnvoll ist, aber es ist zum Beispiel wichtig, bei baumlosen Sätteln eine wirklich gute und geeignete Sattelunterlage zu verwenden. Manche Systeme benötigen nun mal die dazu gehörende Decke. Diese ist quasi ein Teil dieses Systems. Wenn Sie einen Staubsauger der Marke X haben, verwenden Sie ja auch nicht die Staubsaugerbeutel des Herstellers Y. Die Zubehörteile sind meist über eine lange Zeit mit dem Sattel erprobt und runden den Sattel dadurch ab.

Wählen Sie zum Sattel passendes Zubehör aus.

• Passen Sie den Sattel Ihrem finanziellen Budget an! Es macht keinen Sinn, sich etwas kaufen zu wollen, was man sich nur sehr schwer oder gar nicht leisten kann. Die Sattelsysteme, die wir hier vorgestellt haben, sind teilweise sehr unterschiedlich in der Preisgestaltung. Jedoch sind alle in einer Qualität, die ihrem Preis entspricht. Es ist daher nicht schlimm, auch mal weniger Geld auszugeben, wenn mehr nicht vorhanden ist. Wenn Sie einen alten Sattel verwenden, der nicht passt, fügen Sie Ihrem Pferd unter Umständen Schaden zu. Daher ist es dann sinnvoll, sehr zeitnah einen passenden baumlosen Sattel zu kaufen, auch wenn Sie vielleicht lieber noch eine Zeit auf ein anderes Modell sparen würden. Vergessen Sie auch nicht, dass Sie eventuell noch Zubehör benötigen. Schnell sind hierbei 150 Euro zusätzlich ausgegeben.

Lassen Sie sich mental auf das baumlose Reiten ein ohne sich von Vorurteilen einschränken zu lassen. „Go Treeless" ist kein Modetrend, sondern eine faszinierende Möglichkeit zu Reiten.

• Die letzte Empfehlung. Lassen Sie sich auf das baumlose Reiten ein. Stellen Sie sich vor, Sie gehen zu einer Entspannungsmassage, haben aber den Kopf voll mit Dingen, die Sie noch zu erledigen haben. Wie entspannt werden Sie danach sein? Vermutlich nicht sehr, weil Sie sich nicht bewusst auf Ihre Massage eingelassen haben. Beschäftigen Sie sich mit dieser Reitweise. Sie ist faszinierend! Sie werden neue Eindrücke sammeln und auch Ihr Pferd wieder neu erleben, da es sich frei unter dem Sattel bewegen kann. Probieren Sie Ihren Sattel aus, justieren Sie diesen neu, probieren Sie verschiedene Details aus, bis Sie die optimale Lösung gefunden haben. Bitte glauben Sie uns, es gibt nicht umsonst so viele Reiter die baumlos unterwegs sind. Go-Treeless ist mehr als nur ein Modetrend!

# Fragen & Antworten

## Fragen und Antworten:

***Muss man für baumlose Sättel immer eine Aufstiegshilfe nutzen?***

Nein auf keinen Fall. Ein guter baumloser Sattel sollte auch so halten, ansonsten dürften Sie ja unterwegs niemals vom Pferd steigen. Allerdings kann bei sehr runden Pferden der Sattel eher mal rutschen, das würde Ihnen aber auch bei einem Baumsattel passieren. Hier sollten sie dann ein Antirutschpad verwenden.

Ansonsten ist aber zu sagen, dass das Aufsteigen mit einer Aufstiegshilfe grundsätzlich pferdefreundlicher ist, ganz gleich welche Art Sattel Sie nutzen. Wir haben schon Pferde gesehen, deren Wirbelsäulen derart nach einer Seite verzogen waren, genau wie deren Sättel, dass kein pferdefreundliches Reiten möglich ist. Also nutzen Sie, wann immer dies möglich ist, eine Aufstiegshilfe zum Aufsteigen.

***Kann man mit einem baumlosen Sattel Springreiten?***

Ehrlicherweise sollte man das nicht. Die physikalischen Belastungen sind beim Absprung und der Landung derart stark, dass der Sattel rutschen könnte. Allerdings sollten gymnastizierende Cavaletti Übungen kein Problem darstellen.

Zudem ist es ja auch eine Frage, wie oft man springt. Regelmäßiges Springtraining ist sicher nichts für einen baumlosen Sattel, der ein oder andere Sprung im Gelände ist aber mit dem baumlosen Sattel genauso sicher und unschädlich für das Pferd wie mit einem Baumsattel.

***Ist ein Baumloser Sattel auch auf Turnieren zugelassen?***

Das kommt auf den Verband und auch auf den Sattelhersteller an. Die EWU zum Beispiel schreibt bei Turnieren nur ein Westernhorn vor. Die LPO im Englisch-Reitbereich hat andere Richtlinien. Sie schreibt beispielsweise vor, dass die Sättel mit einer Sturzfeder ausgestattet sein müssen, um zu verhindern, dass der Reiter bei einem Sturz im Steigbügel hängen bleibt. Einige baumlose Modelle sind mit einer Sturzfeder ausgerüstet, so dass dies grundsatzlich kein Problem darstellen sollte.

Informieren Sie sich einfach bei Ihrem Verband sowie bei Ihrem Sattelhersteller.

***Mein Pferd hat Satteldruck durch einen unpassenden Sattel. Kann ich mir jetzt einen baumlosen Sattel kaufen und wie gewohnt weiter reiten?***

Es kann durchaus sein, dass das Pferd nach einem Satteldruck auch mal pausieren muss. Wichtig ist, dass Sie sich hier vorher von einem medizinischen Fachmann versichern lassen, dass Ihr Pferd grundsätzlich reitbar ist.

***Darf man einen baumlosen Sattel auch gebraucht kaufen? Auf was muss ich da achten?***

Grundsätzlich natürlich ja, allerdings können wir nicht oft genug erwähnen, dass Sie unbedingt auf Qualität und einen guten Händler achten sollten.

***Ist ein baumloser Sattel nur fürs Geländereiten gedacht?***

Oh nein, ganz und gar nicht, wir haben zum Beispiel eine Reiterin gesehen, die bei Apassionata mitgeritten ist und wundervolle Lektionen in der hohen Schule vorgestellt hat – mit einem baumlosen Sattel! Ebenso ist Dressurarbeit in der Halle oder ein kleiner Sprung möglich. Sogar die Teilnahme an Turnieren ist unter bestimmten Bedingungen machbar (siehe oben).

***Kann ich auch feine Dressur mit einem baumlosen Sattel reiten?***

Absolut, Nathalie Penquitt reitet mit einem baumlosen Sattelmodell eine sehr feine Dressur, gerade weil sie mit diesen Sätteln die Bewegung der Pferde besonders gut spüren kann. Dadurch, dass einen nicht so viel hartes Material vom Pferd trennt, nimmt man dessen Bewegungen viel besser wahr und auch das Pferd umgekehrt unsere Hilfen. Feines Reiten ist deshalb nicht nur möglich, sondern kann dadurch noch feiner werden.

***Die speziellen Pads und Decken für baumlose Sättel sind mir zu teuer, kann ich meinen baumlosen Sattel auch mit einer normalen Satteldecke reiten?***

Das ist abhängig von der Anatomie Ihres Pferdes und vom Sattel.

Wenn Ihr Pferd einen hohen Widerrist oder eine herausstehende Wirbelsäule hat, sollten Sie eine gute gepolsterte Decke nehmen, wie sie speziell für die baumlosen Sättel angeboten werden. Wir würden hier wirklich auf den Rat des Herstellers hören, denn dies ist vom Sattelmodell abhängig. Außerdem macht sich der Kauf einer Qualitätsdecke meist bezahlt, da diese dann auch entsprechend lange hält.

***Sitzt der Sattel wirklich fest und rutscht nicht beim Buckeln und Steigen oder einem Hüpfer meines Pferdes zur Seite?***

Hier gilt, wie schon des Öfteren erwähnt, es kommt auf das Sattelmodell an. Bei einem runden Pferd kann ein Sattel sicherlich eher mal rutschen, vor allem, wenn dann beispielsweise noch eine Lammfelldecke verwendet wird. Deshalb ist es wichtig, dass Sie Ihren Sattel vor dem Kauf auch mal im Galopp probieren und auch die entsprechenden Sattelunterlagen testen. Ihr Sattelverkäufer wird Sie dabei sicher gut beraten und Ihnen das passende Produkt empfehlen.

Sitzt der Sattel gut auf dem Pferd, dann bleibt er auch bei kleinen Hüpfern problemlos an dem Ort, an dem er liegen soll.

***Ich habe leider etwas Übergewicht, will aber abnehmen. Zurzeit wiege ich 108 Kilogramm. Kann ich mein Reitpony mit einem baumlosen Sattel reiten?***

Das ist eine Frage, der wir immer sehr kritisch gegenüber stehen, da wir als Buchautoren keinen Leser kränken wollen. Allerdings ist ein Pony mit 108 Kilogramm Reitergewicht unter Umständen überbeansprucht. Hier sollten Sie einen Arzt, Physiotherapeuten oder Osteopathen fragen. Wir haben aber schon Druckmessungen gemacht, bei denen Reiter 100 Kilogramm auf die Waage brachten und die Ergebnisse waren hervorragend. Allerdings steht dies immer in einem Verhältnis zwischen dem Sattelmodell und dem Pferd. Soll heißen, es könnte bei einem Pferd mit hohem Widerrist und einem einfachen Sattel kritisch werden.

***Darf ich meinen baumlosen Sattel auch auf einem Wanderritt nutzen?***

Die Antwort lautet ähnlich wie bei der obigen Frage. Es gab im Jahr 2006 eine renommierte Fachzeitung, deren Autoren einen Ritt über mehrere Tausend Kilometer absolviert haben. (Natürlich im Laufe von vielen Wochen). Hierbei hatte ein Sattelhersteller besonders gut abgeschnitten. Wir möchten diesen namentlich nicht erwähnen, aber vermutlich finden Sie Infos im Internet.

***Ist es möglich, an Distanzritten mit einem baumlosen Sattel teilzunehmen?***

Das ist eigentlich das Erstaunliche. Die baumlosen Sättel erlebten gerade durch das Distanzreiten ihren neuzeitlichen Aufschwung. Durch die anatomische Veränderung der Pferde, die durch das Distanzreiten immer wieder stattfindet, wurden vor etlichen Jahren die Tugenden der baumlosen Sättel aufgegriffen und speziell für den Distanzsport eingesetzt. Es gibt Hersteller, die besondere Modelle hierfür anbieten. Diese haben verstärkte Druckabsorber unter der Steigbügelaufhängung.

Mit einem x-beliebigen baumlosen Sattel sollten Sie allerdings nicht zum nächsten Distanzritt starten. Gerade hier ist eine fachkundige Beratung über Modelle und Anpassung an das Pferd sinnvoll und nötig. Ansonsten steht dem baumlosen Vergnügen sowohl für das Pferd als auch für den Reiter im Distanzsport nichts im Wege.

***Muss der baumlose Sattel angepasst werden oder kann ich das auch selbst machen?***

Das ist wieder mal abhängig vom Modell. Manche sollten angepasst werden, andere Modelle im Design der Bareback Pads können einfach platziert werden und man kontrolliert lediglich, ob der Sattel nicht am Widerrist oder der Wirbelsäule aufliegt. Aber auch hier gilt unsere Daueraussage. Lieber den Fachhändler einbeziehen. Dann können Sie sicher sein, dass der Sattel bestmöglich passt. Denn nicht jedes Pferd ist gleich gebaut und wir können hier nicht auf jeden Fall im Speziellen eingehen und Sie und Ihr Pferd sollten schließlich lange Freude an dem baumlosen Sattel haben. Leider sind die baumlosen Sättel schon hin und wieder in Verruf geraten, weil die Pauschalaussage getroffen wurde: „Baumlose Sättel passen auf jedes Pferd". Diese würden wir gerne umformulieren: Es gibt für (fast) jedes Pferd ein baumloses Modell, das passt. Wird dies noch von einem Fachmann(frau) kontrolliert und bei Bedarf angepasst, so können Pferd und Reiter glücklich werden.

***Ich habe gehört, dass man mit baumlosen Sätteln nicht Leichttraben kann, stimmt das?***

Kurz und knapp: Vollkommener Unfug! Selbstverständlich können Sie in einem baumlosen Sattel leichttraben oder aussitzen, ganz gleich, was Sie gerade bevorzugen. Der Sattel macht dies alles spielend mit. Wir wissen nicht, wer so etwas in die Welt setzt, aber können versichern, dass nichts Wahres an dieser Aussage ist. Sie können einen baumlosen Sattel ebenso wie einen Baumsattel nutzen.

***Müssen baumlose Sättel auch vom Sattler aufgepolstert werden?***

Das kommt auch wieder auf den Hersteller an. Die meisten baumlosen Sättel kann man nicht polstern. Bei einigen Modellen können Klettkissen ausgetauscht werden, da diese je nach Intensität des Reitens Ermüdungserscheinungen aufweisen können. Bei einigen wenigen Modellen gibt es auch eine Polsterfüllung, diese sollte dann genau wie bei einem Baumsattel in gewissen Abständen getauscht, zumindest aber kontrolliert werden.

Was Sie selbst polstern können sind die polsterbaren Decken, die es speziell für baumlose Sättel gibt. Diese Decken und Pads verfügen über Einschubtaschen, in denen je nach Wunsch unterschiedliche Einlagen eingeschoben werden.

### *Wie pflegt man einen baumlosen Sattel?*

Das kommt auf das Material Ihres baumlosen Sattels an. Im Prinzip wie einen Baumsattel. Reinigen, je nach Lederart fetten (nicht auf Nubukleder) und/oder imprägnieren. Öl gehört eher in den Bereich der echten Westernsättel. Das Leder von baumlosen Sätteln ist dünner, damit die baumlose Wirkung schneller zum Tragen kommt.

### *Wie lang ist die Lebensdauer eines baumlosen Sattels?*

Das ist in erster Linie von der Qualität des Sattels, aber auch von der Pflege abhängig. Wir wollen das jetzt nicht in Monaten und Jahren definieren, aber ein guter baumloser Sattel könnte bei Ihnen schon alt werden. Vor allem vor dem Hintergrund, dass er auch auf verschiedene Pferde passen kann (eventuell mit einer anderen polsterbaren Decke). So kann er auch bei einem Pferdewechsel weiterhin genutzt werden.

### *Können baumlose Sättel meinem Pferd auch schaden?*

Auch wenn wir uns hier mittlerweile wiederholen, aber es kann nicht oft genug gesagt werden. Billiger Ramsch kann auch schaden, da bei diesen Sätteln oft zu viel Druck unterhalb der Steigbügelriemen auf das Pferd übertragen werden kann. Oder durch das Reitergewicht nicht gedämpft wird.

Bei einem guten Baumlosen der mit Verstand gekauft und verwendet wird, kann in aller Regel nichts passieren. Es wird eher das Gegenteil passieren. Die Pferde laufen sofort deutlich freier und zufriedener.

### *Ist es schlimm, wenn der baumlose Sattel nicht optimal passt?*

Das ist in der Tat schlimm. Der baumlose Sattel gleicht viel aus. Der Schwung über die Längsachse oder auch unterschiedlich stark bemuskelte Pferdeseiten. Aber passen muss er schon. Wenn Sie einen Turnschuh benutzen, gleicht der auch einiges aus,. Aber wenn Sie Schuhgröße 45 haben, können Sie nicht Größe 39 anziehen. Stellen Sie also sicher, dass der baumlose Sattel passt, bevor Sie ihn in Gebrauch nehmen Immerhin soll der Sattel ja eine Verbindung zwischen Ihnen und Ihrem Pferd schaffen. Ist Ihr Pferd damit nicht glücklich, so werden Sie es auch nicht sein. Ein denkbar ungünstiger Stand für das Reiten in Harmonie mit dem Lebewesen Pferd.

***Ich habe zurzeit kein Geld für einen teuren Sattel. Kann ich in der Zeit, in der ich für einen Sattel spare, einen günstigen baumlosen Sattel fürmein Pferd kaufen?***

Da müssen wir jetzt mal energisch sein. Qualität ist wichtig bei der Ausrüstung für Ihr Pferd und Qualität muss Geld kosten. „Gut" und „billig" funktioniert meist nur in der Werbung. Ihr Pferd sieht nicht, ob Ihre Satteldecke eine mittlerweile unmodische Farbe hat, aber es spürt den unpassenden Sattel sehr genau. Ich denke Sie wissen, was wir damit sagen wollen. Günstig ja, aber taugen sollte er schon was.

***Ich reite jeden Tag im Gelände oder auf dem Reitplatz. Kann ich auch bei täglicher Arbeit einen baumlosen Sattel nutzen?***

Es gibt etliche Reitschulen, die auf baumlose Sättel umgestellt haben, da die Sättel leicht und flexibel sind und gut zum Schulbetrieb passen. Diese Sättel werden täglich eingesetzt. Es spricht nichts gegen einen dauerhaften Einsatz, so lange der Sattel dem Pferd passt.

***Ich bin Westernreiter und reite Reining. Kann ich mit einem baumlosen Sattel auch Sliding Stopps und Spins reiten?***

Das würden wir jetzt mal ehrlicherweise mit NEIN beantworten. Wie schon erwähnt gibt es einige Reiter, die im Rahmen von EWU Einsteiger Turnieren eine Trail Disziplin mit einem baumlosen Westernsattel reiten, aber für die „harten" Disziplinen sollte man gute, angepasste Baumsättel verwenden. Das ist analog zu den Springturnieren. Wenn es hoch hinausgeht, sollte der Sattel einen Baum haben.

***Welchen Gurt und welche Steigbügelriemen verwende ich am besten für meinen baumlosen Sattel?***

Zum Gurt können wir nicht viel sagen, da dieser in Abhängigkeit zum Sattelmodell steht. Wählen Sie einen Gurt, der den Bedürfnissen Ihres Pferdes entspricht und an der richtigen Stelle zum Liegen kommt, Ihrem Pferd den größtmöglichen Komfort und die Bewegungsfreiheit ermöglicht, die es braucht. Welcher Gurt das in Ihrem speziellen Fall ist, dabei berät Sie Ihr Fachhändler.

Bei den Bügelriemen sollten Sie jedoch darauf achten, dass die Schnallen nicht am Schenkel sind. Diese sollten unten am Fuß sitzen, da es sonst zu Druckstellen für den Reiter und eventuell auch für das Pferd kommen könnte. Es gibt allerdings die Möglichkeit, so genannte Monoriemen zu verwenden, welche einlagig sind und sich mit einer Schlaufe in die Steigbügelaufhängung einhängen lassen. Diese passen aber nur in Sättel, die über eine offene Bügelriemenaufhängung verfügen.

Oder aber Sie verwenden Riemen mit einem Lederloop, den Sie unten am Fuß um die Schnalle kletten.

***Ich will mir einen baumlosen Sattel kaufen? Wo kann ich mich beraten lassen welches der beste Sattel für mein Pferd und mich ist?***

Wir können und wollen hier natürlich keine konkreten Empfehlungen geben. Es gibt immer wieder neue Händler am Markt, die sehr gute Arbeit leisten. Diese Händlerliste müsste ständig erneuert werden. Wir haben aber im Internet recherchiert. Jeder der guten Markenhersteller veröffentlicht eine Händlerliste oder erteilt Auskunft über Händler vor Ort. Nur etwas bitte nicht vergessen: Vorher ausprobieren oder Kauf mit Rückgabemöglichkeit!

Wenn Sie sich noch für kein bestimmtes Modell entschieden haben, raten wir Ihnen erst einmal den ein oder anderen baumlosen Sattel zu testen. Das ist bei vielen Händlern möglich. Besonders interessant ist dies, wenn die Händler mehrere Modelle diverser Hersteller im Angebot haben und Sie so Ihren Traumsattel finden können mit dem Sie und Ihr Pferd glücklich sind.

***Ich habe einen baumlosen Sattel und mein Pferd hat nach dem letzten Fellwechsel weiße Haare am Widerrist. Was kann ich dagegen unternehmen?***

Das ist schwer zu sagen. Erstmal nicht weiter reiten, denn diese so genannten Stichelhaare deuten unter Umständen auf zuviel Druck hin. Wenn das Pferd in diesem Bereich auch noch „fühlig“ ist, das heißt sich dem Fingerdruck oder

der Berührung entzieht, dann ist hier etwas nicht in Ordnung. Bitte ziehen Sie in diesem Fall einen Fachmann hinzu, der abklärt, ob der Satteldruck von dem baumlosen Sattel kommt. Auch Druck, dessen Ursache schon weiter zurück liegt, kann sich erst nach dem Fellwechsel zeigen. Vielleicht stammen die weißen Haare auch von einem vorher genutzten Sattel. Denn die weißen Haare, dann auch noch explizit am Widerrist, sind meist ein Indiz für Satteldruck.

***Ich habe gehört dass man auf baumlosen Sätteln „schwammig" sitzt. Stimmt das?***

Wenn es sich bei dem Sattel um ein Modell im Bareback Pad Stil handelt, kann das Gefühl des „Reitens wie auf einem Kissen erzeugt werden. Aber wir sagen bewusst, „KANN". Je fester das Sattelmaterial ist, desto weniger wird dieses Gefühl auftreten. Und wenn die Pferde nicht allzu rund sind, dann sitzt man ohnehin deutlich fester auf dem Pferd.

***Manche Reiter beschreiben, dass man in baumlosen Sätteln weiter weg vom Pferd sitzt, andere wiederum, dass man das Gefühl hat, näher am Pferd zu sitzen. Wie entstehen diese unterschiedlichen Wahrnehmungen?***

Das ist nicht einfach zu sagen, da Wahrnehmungen immer mit einer gewissen Subjektivität zu tun haben. Nathalie Penquitt zum Beispiel sagt immer wieder, dass Sie gerade durch die Baumlosigkeit ihr Pferd deutlich spürt, ihm nahe ist und auch die reiterlichen Hilfen besser geben kann. Sicherlich hat auch dies wieder mit dem Sattelmodell zu tun. Wer auf einem 10 Zentimeter dicken Kissen sitzt, wird sich sicherlich immer weit entfernt vom Pferderücken fühlen.

***Ich habe gehört, dass sich baumlose Sättel mit der Zeit setzen, also absetzen. Was bedeutet das und stimmt das so?***

Na ja, um das umgangssprachlich zu erklären, ist das so wie ein länger getragener Lederschuh. Der formt sich auch um den Fuß. Das bedeute, dass der baumlose Sattel sich dem Pferderücken ein Stück weit anpasst. Es ist daher auch sinnvoll, bei einigen Modellen die Polsterwolle zu ergänzen oder zu erneuern. Bei anderen Modellen können oder sollten die Klettkissen oder die polsterbaren Decken ausgetauscht werden. Das kommt aber immer darauf an, wie intensiv der Sattel benutzt wurde.

***Ich habe ein Pferd gekauft mit atrophierter Muskulatur im Schulterbereich. Ich will mit einem baumlosen Sattel reiten, damit es dort wieder Muskulatur entwickelt. Auf was muss ich achten?***

Grundsätzlich ist der Ansatz vollkommen richtig, denn durch die Baumlosigkeit des Sattels hat das Pferd die Möglichkeit, auch in diesem schwierigen Bereich Muskulatur aufzubauen. Oft geht die atrophierte Muskulatur aber auch mit einem hohen Widerrist einher und sie sollten unbedingt darauf achten, dass der Sattel dadurch nicht in diesem Bereich aufliegt. Wir wollen, wie bereits erwähnt, nicht bestimmte Marken oder Modelle empfehlen, aber schauen Sie sich hierzu mal in den Internetforen um. Dort gibt es sehr konkrete Aussagen.

***Kann ich ein altes Pferd mit Senkrücken mit einem baumlosen Sattel reiten?***

Auf jeden Fall. Gerade für solche Pferde ist ein guter baumloser Sattel besonders geeignet. Ein Pferd mit Senkrücken, noch dazu ein altes hat immer das Problem, dass der Sattelbaum in aller Regel dem Schwung über die Längsachse nicht gerecht wird. Der Sattel müsste also extra für ein solches Pferd maßangefertigt werden. Da ältere Pferde oftmals nicht mehr so oft geritten werden, wäre dies auch eine finanzielle Frage. Wichtig ist allerdings die gute Polsterung des baumlosen Sattels mittels entsprechender Decken oder Klettkissen.

***Mein Sattel hat Klettkissen. Wie klette ich diese passend für mein Pferd unter den Sattel?***

Nun eigentlich würden wir gerne schreiben, dass dies ganz einfach ist, da man hier nichts falsch machen kann. Allerdings haben wir leider auch schon anderes erlebt.

Das heißt Sie sollten sich die korrekte Klettung vom Händler zeigen lassen oder von jemandem der sich damit auskennt.

***Mein Pferd hat eine große Wunde in der Sattellage. Kann ich trotzdem mit einem baumlosen Sattel reiten?***

Solche Fragen sind für uns als Autoren immer sehr schwer zu beantworten, da Wunden sehr unterschiedlich sein können. Grundsätzlich daher immer den Tierarzt fragen. Wir möchten Ihnen aber an einem Beispiel erklären, was möglich ist. Vor einem Jahr trafen wir einen Reiter, dessen Pferd eine eiternde Wunde in der Sattellage hatte. Dort hatten sich so genannte Kuhdasseln unter der Haut eingenistet. Das ist sehr schmerzhaft und ein Pferd kann mit Sattel nicht mehr geritten werden. Der Besitzer kaufte sich einen baumlosen Sattel mit Klettkissen, und ließ dort wo die Wunde war, das Kissen ausschneiden. Der Sattel lag in diesem Bereich dann nicht mehr auf, und das Problem war behoben. Er konnte so weiter reiten, bis die Wunde geheilt war.

***Ich habe gelesen, dass man baumlose Sättel auf der Schulter satteln sollte. Aber das ist doch ungesund für das Pferd. Wo sollte der baumlose Sattel also liegen?***

Es gibt in der Tat baumlose Sättel, die weiter vorne liegen müssen. Das ist Bauart-bedingt. Ein Westernsattel, auch ein baumloser, hat immer einen Vorschnitt, der dann mit auf die Schulter kommt. Ein Barocksattel oder ein Dressursattel ist im Blatt gerade geschnitten und liegt daher hinter der Schulter. Es ist aber so, dass ein baumloser Sattel keine starren Teile hat. Daher wird dieser im Bereich der Schulter auch nicht drücken. Es sei denn, er wäre grundsätzlich nicht geeignet. Sie können dies einfach testen. Legen Sie Ihre flache Hand auf das Schulterblatt unter den Sattel. Nun prüfen Sie während ein Reiter oben auf dem Sattel sitzt, wie das Schulterblatt darunter arbeiten kann. Wenn Sie unsicher sind, dann können Sie dies vergleichsweise mal bei einem Westernsattel versuchen. Es gibt natürlich auch hier gute und passende Modelle, aber bei manchen Sätteln hat man das Gefühl, die Finger sind in einem Schraubstock eingespannt.

***Kann man Lammfellpads unter baumlosen Sätteln verwenden?***

Lammwolle hat viele positive Eigenschaften. Die meisten Pferde kommen auch wunderbar damit klar. Es gibt in Deutschland zwei bis drei hervorragende Hersteller, die sich auf den Einsatz der Unterlagen bei baumlosen Sätteln spezialisiert haben. Allerdings sollten Sie nicht vergessen, dass eine Lammfellunterlage eher rutschen kann als ein anderes Produkt. Fell auf Fell gleitet eben nun mal besonders gut. Bei runderen Pferden kann eine Lammfellunterlage daher schon mal eher ins Rutschen geraten und wir empfehlen daher lieber eine Decke mit Antirutsch-Ausstattung zu wählen.

***Auf was muss ich achten, wenn ich einen baumlosen Sattel Probe reite?***

Sie sollten sich Zeit lassen, damit Sie sich auf das neue Reitgefühl einstellen können. Kontrollieren Sie nach einigen Minuten nochmals den Halt des Sattels und beobachten Sie Ihr Pferd, wie es sich unter dem neuen Sattel verhält.

Zuerst ein paar Runden im Schritt, dann auf beiden Händen traben und wenn Sie dann ein gutes Gefühl haben, galoppieren Sie an. Reiten Sie, falls dies der Händler zulässt, am nächsten Tag nochmals. Dann sollten Sie eigentlich merken, ob Ihnen diese Art von Sätteln zusagt. Ach ja, fragen Sie ruhig mal Ihr Pferd... Wenn Sie Ihr Pferd kennen, dann verstehen Sie auch die Antwort.

### *Passt ein baumloser Sattel jedem Pferd?*

Grundsätzlich sind baumlose Sättel für alle Pferderassen geeignet und können auf alle Pferdetypen passen. Vermutlich ist aber nicht jede Art von baumlosen Sätteln für jedes Pferd im Einzelnen optimal. Daher gilt: Prüfen Sie welche Marke für Ihr Pferd am besten geeignet ist.

### *Wenn mein Pferd sich mit der Zeit verändert, muss ich dann meinen baumlosen Sattel ändern (lassen)?*

Das hängt von dem Hersteller des Sattels ab. Manche Modelle kann man gar nicht ändern, dann ist dies grundsätzlich auch nicht nötig. Eventuell macht es dann Sinn, die Satteluntertlage zu verändern oder zu tauschen. Es gibt aber Modelle, bei denen können Sie den Vorderzwiesel austauschen oder die Klettkissen wechseln. Hier ist es durchaus sinnvoll darüber nachzudenken, Veränderungen vorzunehmen. Grundsätzlich ist es aber so, dass wenn Ihrem Pferd ein Modell einmal gepasst hat, dieses damit langfristig zurechtkommen wird.

***Kann ich einen baumlosen Sattel auch nutzen, um damit mehr als ein Pferd zu reiten?***

Durchaus, Sie sollten sich aber mit dem Produkt vertraut machen. Eventuell müssen bei deutlichen Abweichungen in der Pferdeanatomie Veränderungen am Sattel vorgenommen werde. Möglicherweise kommt auch der Gebrauch von zwei unterschiedlichen, polsterbaren Decken in Frage, die sie auf das entsprechende Pferd legen. Fragen Sie bei Unsicherheiten Ihren Reitsporthändler.

***Ich bin Anfängerin. Kann ich baumlos reiten?***

Natürlich können auch Anfänger baumlos reiten. Gerade ein Anfänger wird von Beginn an lernen, sein Gewicht auszubalancieren. Wir haben Reitermädchen kennen gelernt, die haben sogar ganz ohne Sattel angefangen und sind gerade deshalb hervorragende Reiter geworden, weil sie lernen mussten gerade zu sitzen. Daher ist grundsätzlich zu sagen, dass ein baumloser Sattel den Anfänger nicht stören sollte. Es gibt auch Modelle mit Kniepauschen, diese sind eventuell zu bevorzugen, falls der Reiter doch ein bisschen Anlehnung benötigt.

***Kann ich den baumlosen Sattel selbst anpassen?***

Es gibt Menschen, die können nicht einmal einen Knopf an ein Hemd nähen und andere schneidern sich die Kleider selber. Soll heißen, wenn Sie ein bisschen Feingefühl für die Dinge haben und sich etwas mit Pferden auskennen, dann werden Sie die Veränderungen an Ihrem baumlosen Sattel selber vornehmen können. Lassen Sie es sich beim Kauf zeigen, dann sollte es später auch klappen. Wenn Sie sich unsicher sind, dann sollten Sie aber immer Fachleute um Rat fragen.

***Wie viel Wirbelsäulenfreiheit brauche ich bei einem baumlosen Sattel?***

Das hängt in einem ganz starken Maß von Pferd und Reiter ab. Haben Sie einen Haflinger, dem bei Regen das Wasser quasi auf dem Rücken stehen bleibt und eine Reiterin mit 55 Kilogramm Gewicht, ist dieses Thema zu vernachlässigen. Wiegen Sie als Reiter aber 80 Kilogramm und Ihr Pferd ist ein Vollblüter mit Dornfortsätzen, die so lang wie Bleistifte sind, dann müssen Sie sich die Sache sehr genau anschauen. Dazu kommt, dass manche baumlose Sättel kaum oder wenig Wirbelsäulenfreiheit gewährleisten, hier müssen dann entsprechende Decken genutzt werden. Grundsätzlich kann ein baumloser Sattel aber die gleiche Wirbelsäulenfreiheit aufweisen wie ein Baumsattel. Tut er dies nicht, ist er deswegen nicht schlecht, aber unter Umständen nicht das richtige Modell für Sie und Ihr Pferd. Wichtig ist also nicht, wie viel Wirbelsäulenfreiheit der Sattel bietet, sondern DASS er sie bietet.

***Verändert ein baumloser Sattel meinen Sitz?***

An und für sich ist ein baumloser Sattel ein guter Lehrmeister. Er wird Sie dazu bringen, gerade und gleichmäßig auf dem Pferd zu sitzen. Da Sie sich quasi nicht hinlümmeln können, wie bei so manch „orthopädischen Sitzhilfen", schulen Sie Ihren Körper, eine gute Reitposition anzunehmen. Manche Modelle verursachen allerdings das Gefühl sehr breit zu sitzen. Dies ist aber immer abhängig vom Pferd und der eigenen Anatomie. Probieren Sie das am besten vor dem Kauf aus.

***Wie viel Geld muss ich ausgeben, um einen guten baumlosen Sattel zu bekommen?***

Das ist sicherlich eine ganz schwere Frage. Das heißt die Frage ist nicht schwer, sondern die Antwort. Genauso könnte man fragen: Was kostet ein Auto oder ein Fahrrad? Es gibt bei baumlosen Sätteln genau wie bei Autos eine große Bandbreite an Produkten und Preisen. Wie wir bereits erwähnten, hat die Herstellung eines baumlosen Sattels im Vergleich zum Baumsattel nichts damit zu tun, dass er besonders billig ist. Sie sollten den Sattelpreis aber immer hinter die Funktion und hinter die Qualität stellen. Aus heutiger Sicht würden wir sagen, dass ein vernünftiges Produkt nicht unter 350 bis 400 Euro zu haben ist, aber falls erforderlich, auch ein Preis von 1000 Euro und darüber

Sie nicht erschrecken sollte. Ein guter Baumsattel von einem deutschen Hersteller kostet im Durchschnitt 1300 bis 1600 Euro. Und diese Preise sind dann für wirklich gute baumlose Sättel ebenfalls gerechtfertigt.

***Kann ich mein Pferd mit einem baumlosen Sattel einreiten?***

Gerade zum Einreiten ist ein baumloser Sattel ideal. Bei einem jungen Pferd ist es oft so, dass sich die Sattellage noch deutlich verändert und da dies bekannt ist, verwenden die Reiter in diesem Fall oft ältere Sättel aus dem Bestand, die dann aber schlecht passen. Ein Pferd, das im Rücken noch keine tragfähige Muskulatur entwickelt hat, kommt mit diesem Umstand noch schlechter zurecht als ein ausgebildetes. Daher ist ein baumloser Sattel eine gute Alternative. Allerdings sollte der Reiter schon Erfahrungen mit baumlosen Sätteln gemacht haben, damit dieser sich nicht erst daran gewöhnen muss, sondern sich voll auf das junge Pferd konzentrieren kann.

***Wie oft muss ich meinen neuen baumlosen Sattel reiten, bis er sich dem Pferd angepasst hat?***

Das kommt auf das Modell und den Hersteller an. Es gibt Sattelmodelle, die aufgrund ihrer Konstruktion quasi von der ersten Minute an ihre Position eingenommen haben. Eine Einreitphase gibt es dann gar nicht. Andere benötigen je nach

Intensität des Reitens einige Tage bis sich das Leder etwas eingeformt hat.

***Wie schwer ist ein baumloser Sattel? Ist der Gewichtsunterschied zu einem Baumsattel groß?***

Zum Teil ist der Unterschied gravierend. Nehmen Sie einen konventionellen Westernsattel. Dieser wiegt in aller Regel 15 -17 Kilogramm, kann aber auch, je nach Typ, schwerer sein. Ein sehr guter baumloser Westernsattel wiegt hingegen höchstens sechs Kilogramm.

Bei den Geländesätteln ist der Unterschied nicht so groß. Ein leichtes Modell wiegt baumlos circa vier Kilogramm, das Pendant in der Baumversion circa sieben Kilogramm.

***Mit welchem Material sollten die polsterbaren Decken für baumlose Sättel am besten gefüllt sein?***

Diese Frage ist so nicht zu beantworten. Dies ist abhängig vom Reitergewicht, aber ebenso vom anatomischen Zustand des Pferdes. Es gibt Reiter, die mit einer Filzfüllung sehr zufrieden sind, andere verwenden Moosgummi ähnliche Materialien und manche Memo-Schaum-Einlagen. Wichtig ist, dass diese Einlagen keine Knoten bilden und keine scharfen Kanten aufweisen. Je einfacher mit diesen Einlagen umzugehen ist, desto besser kann der Reiter diese auf das Pferd anpassen.

***Ich würde gerne einen baumlosen Sattel kaufen, habe aber Angst, dass ich in meinem Reitverein damit unangenehm auffalle. Was kann ich machen?***

Also, da sollten Sie sich gar keine Sorgen machen. Wenn Sie dieses Buch aufmerksam gelesen haben, wissen Sie jetzt, dass es baumlose Sattelmodelle gibt, die optisch von Baumsätteln nicht zu unterscheiden sind. Mit diesen Sätteln können sie auch mühelos an Turnieren teilnehmen. Des Weiteren wird es auch ein Umdenken geben. Der Beigeschmack, den ein baumloser Sattel jetzt noch haben mag, wird nach und nach verschwinden, da es immer bessere und optisch anmutendere baumlose Sättel geben wird. Denken Sie bitte daran, wie viele Pferde noch vor 25 Jahren ausschließlich in Pferdeboxen gehalten wurden. Welcher Stall hatte damals ausreichend Koppeln oder gar Paddock-Boxen?

***Was sollte ich vor dem Kauf eines baumlosen Sattels bedenken, bevor ich mich für ein Modell entscheide?***

Am besten lesen Sie das Kapitel: „Welcher Sattel passt zu mir" nochmals durch. Hier noch mal die Kurzfassung dazu: Kaufen Sie Qualität! Lassen Sie sich von einem guten Sattelhändler beraten! Probieren Sie den Sattel aus! Beobachten Sie Ihr Pferd beim Reiten mit dem neuen Sattel!

***Kann es auch bei einem baumlosen Sattel zu Satteldruck kommen?***

Ja, das kann auch passieren. Wir haben in diesem Buch sehr intensiv darüber geschrieben, dass auch ein baumloser Sattel mit Verstand für das entsprechende Pferd ausgesucht werden sollte. Falls Sie ein Modell kaufen, dessen Qualität minderwertig ist oder Sie als Reiter für das eine oder andere Modell schlichtweg zu schwer sind, kann es zum Beispiel unter der Steigbügelriemenaufhängung zu erhöhtem Druck kommen. Wenn Sie das beherzigen, was Sie hier lesen konnten, werden Sie vermutlich niemals Schwierigkeiten dieser Art mit Ihrem baumlosen Sattel bekommen.

# Epilog und Danksagung

## Werden Sie sensibel für die Belange Ihres Pferdes

Pferde haben keinen Schmerzlaut, wir sollten also so sensibel wie möglich werden und unseren Blick, unser Gefühl und unser Pferdeverständnis schulen. Ein Pferd kann uns nicht in Worten erklären, wo ihm etwas schmerzt, drückt, es stört oder behindert. Es kann seine Emotionen aber im Verhalten äußern und uns so auf das Problem aufmerksam machen. Zudem haben wir die Möglichkeit, uns mit der Anatomie zu beschäftigen und äußere Anzeichen von Unwohlsein und schädlicher Haltung (im körperlichen Sinne) und Bewegung zu erkennen. Werden sie sensibel für das, was Ihnen Ihr Pferd mitteilen will. Bilden Sie sich weiter in pferdefreundlichem Reiten, Anatomie und Biomechanik. Ziehen Sie Hilfe hinzu, beraten Sie sich mit Fachleuten, holen Sie mehrere Meinungen ein. Vertrauen Sie nicht auf die Aussage einer Person, wenn Sie erkennen, dass Ihnen Ihr Pferd etwas mitzuteilen hat, dies aber von anderen Menschen heruntergespielt wird. Kontrollieren Sie in gewissen Abständen Ihr Pferd sowie seine Ausrüstungsgegenstände und handeln Sie, wenn Sie Unstimmigkeiten feststellen – den Pferden zuliebe.

## Danke

Wir haben einigen lieben Menschen zu danken, die uns ermöglichten, das Buch so schnell zu publizieren. Wenn man bedenkt, dass von unserer ersten Begegnung und der Idee gemeinsam ein Buch zu schreiben, dem Schreiben des Textes, der Korrektur und dem Layout des Textes sowie dem Erstellen aller Illustrationen und Fotografien bis zum Erscheinen des Buches kein Jahr vergangen ist, so ist dies eine erstaunliche Leistung, die wir vor allem dem genialen Konzept von Books on Demand zu verdanken haben. Weiterhin möchten wir uns bei Gertraud Schöpe für ihre Hilfe rund ums Layout und Design, Sarah Wirtz für die Korrekturen am Text, Michael Reinerth für die Gestaltung der Website und Jochen Schulze für die Hilfe bei den Fotos ganz herzlich bedanken. Ebenso sind wir den Fotografen und den Modellen der Bilder zu großem Dank verpflichtet und besonders der Firma Deuber für die Nutzung der Fotografien. Für die Pferde-Gedicht-Grafik bedanken wir uns bei Hajo Schörle. Sie passt wundervoll in unser Buch.

Susanne Reinerth und Stephan Günther,
Februar 2009

*Das Kleid macht nicht den Mann,*
*der Sattel macht kein Pferd.*

*(Angelus Silesius)*

Die Autoren:

Der 1966 in Stuttgart geborene **Stephan Günther** gehörte zu den Ersten, die schon vor über zehn Jahren die Idee des baumlosen Reitens in Deutschland aufgenommen und kontinuierlich weiterentwickelt haben. Später entwickelte er zusammen mit einer namhaften deutschen Sattlerei eine der heute führenden baumlosen Sattelmarken.

**Susanne Reinerth** ist Autorin und Tierheilpraktikerin. Ihre Spezialisierung liegt im Bereich der Veterinär-Akupunktur, Physiotherapie und Ernährungslehre. Durch ihre enge Zusammenarbeit mit Fachleuten begegnete sie Stephan Günther. Beide entschieden sich zum Wohle der Pferde, ihr Wissen miteinander zu verknüpfen und das Buch »Go Treeless« zu veröffentlichen.